国家级技工教育规划教材
全国职业院校环境保护与检测类专业新形态工作手册式教材
全国技工院校环境保护与检测类专业工学一体化教材

环境监测样品无机离子指标分析

主　编　甘中东　李椿方
副主编　马利婵　肖春梅
编　者（以姓氏笔画为序）
马利婵　（北京市工业技师学院）
甘中东　（四川理工技师学院）
申巧红　（山东化工技师学院）
李椿方　（北京市工业技师学院）
肖春梅　（四川理工技师学院）
陈　璐　（北京市工业技师学院）
主　审　刘　影　（北京市工业技师学院）

中国劳动社会保障出版社

图书在版编目(CIP)数据

环境监测样品无机离子指标分析/甘中东，李椿方主编. -- 北京：中国劳动社会保障出版社，2023

全国技工院校环境保护与检测类专业工学一体化教材

ISBN 978-7-5167-5822-9

Ⅰ.①环… Ⅱ.①甘…②李… Ⅲ.①环境监测-技工学校-教材 Ⅳ.①X83

中国国家版本馆 CIP 数据核字(2023)第 089383 号

中国劳动社会保障出版社出版发行

(北京市惠新东街 1 号 邮政编码：100029)

*

北京市科星印刷有限责任公司印刷装订 新华书店经销

787 毫米×1092 毫米 16 开本 17.25 印张 318 千字

2023 年 6 月第 1 版 2023 年 6 月第 1 次印刷

定价：49.00 元

营销中心电话：400-606-6496

出版社网址：http://www.class.com.cn

总前言

为了深入贯彻党的二十大精神和习近平总书记关于大力发展技工教育的重要指示精神，落实中共中央办公厅、国务院办公厅印发的《关于推动现代职业教育高质量发展的意见》，推进技工教育高质量发展，全面推进技工院校工学一体化人才培养模式改革，适应技工院校教学模式改革创新，同时为更好地适应技工院校环境保护与检测类专业的教学要求，全面提升教学质量，我们组织有关学校的一线教师和行业、企业专家，在充分调研企业生产和学校教学情况、广泛听取教师意见的基础上，吸收和借鉴各地技工院校教学改革的成功经验，组织编写了本套全国技工院校环境保护与检测类专业教材。

总体来看，本套教材具有以下特色：

第一，坚持知识性、准确性、适用性、先进性，体现专业特点。教材编写过程中，努力做到以市场需求为导向，根据环境保护与检测行业发展现状和趋势，合理选择教材内容，做到“适用、管用、够用”。同时，在严格执行国家有关技术标准的基础上，尽可能多地在教材中介绍环境保护与检测行业的新知识、新技术、新工艺和新设备，突出教材的先进性。

第二，突出职业教育特色，重视实践能力的培养。以职业能力为本位，根据环境保护与检测类专业毕业生所从事职业的实际需要，适当调整专业知识的深度和难度，合理确定学生应具备的知识结构和能力结构。同时，进一步加强实践性教学的内容，以满足企业对技能型人才的要求。

第三，创新教材编写模式，激发学生学习兴趣。按照教学规律和学生的认知规律，合理安排教材内容，并注重利用图表、实物照片辅助讲解知识点和技能点，为学生营造生动、直观的学习环境。部分教材采用工作手册式、新型活页式，全流程体现产教融合、校企合作，实现理论知识与企业岗位标准、技能要求的高度融合。部分教材在印刷工艺上采用了四色印刷，增强了教材的表现力。

本套教材配有习题册和多媒体电子课件等教学资源，方便教师上课使用，可以通过技工教育网（http://jg.class.com.cn）下载。另外，在部分教材中针对教学重点和难点制作了演示视频、音频等多媒体素材，学生可扫描二维码在线观看或收听相应内容。

本套教材的编写工作得到了北京、河南、浙江、山东、江苏、江西、四川、广西、广东、海南等省（自治区）人力资源社会保障厅及有关学校的大力支持，教材编审人员做了大量的工作，在此我们表示诚挚的谢意。同时，恳切希望广大读者对教材提出宝贵的意见和建议。

本书前言

环境保护与检测专业依据国家职业技能标准，以环境保护与检测综合职业能力培养为目标，以典型工作任务为载体，以学生为中心，以能力培养为本位，工学结合，根据典型工作任务和工作过程设计课程体系和内容，五育并举，关注学生全面发展。

工学一体化教学要求“学、做、教”合一，学校、企业深度融合：学校老师与企业技术人员一体化、学校学生与企业职工一体化、实训任务与生产任务一体化。按照人力资源社会保障部印发的《推进技工院校工学一体化技能人才培养模式实施方案》要求，各院校从事工学一体化课程标准开发和教学的老师与企业实践专家组成工学一体化课程教学改革研发组，充分考虑行业企业发展，将新技术、新工艺、新设备纳入课程教学，再次进行典型工作任务提取和工学一体化课程体系构建，确定工学一体化课程的学习任务、目标、内容、实施和考核评价方法。

本教材以培养学生环境保护与检测综合职业能力为目标，以人的职业成长和职业生涯发展规律为依据，根据典型工作任务中工作过程要素，参考企业规章制度、工具材料领取等环节设计了四个真实的工学情境，使学生达到高级工技术技能水平。

北京市工业技师学院李椿方、陈璐、马利婵，四川理工技师学院甘中东、肖春梅，山东化工技师学院申巧红等老师参加了教材的编写和审稿，甘中东对教材进行了统稿。

本教材可作为技工院校环境保护与检测、化工分析检验、食品分析、药品分析等化学分析检验大类相关专业的教学用书，也可作为分析检测工作人员的参考资料。

编者

2023 年 1 月

目　录

学习任务一

水质样品无机阳离子 Na^+、K^+、NH_4^+、Ca^{2+}、Mg^{2+} 指标测定

任务情景描述

第三方分析检测公司受某工厂委托，对该厂工业生产用水中的 Na^+、K^+、NH_4^+、Ca^{2+}、Mg^{2+}5 种离子含量进行检测，确定其水质是否符合使用标准，从而调整水处理工艺参数，降低生产能耗，防止安全事故发生。第三方分析检测公司技术组把该任务交给我院分析检测中心高级化学检验员，要求 3 天内出具检测报告。

检验员接到任务单和待检样品后，在检测前，查阅检测标准，制定检测方案，准备药品试剂、玻璃仪器及离子色谱仪等仪器设备，用离子色谱法完成水质样品中 Na^+、K^+、NH_4^+、Ca^{2+}、Mg^{2+}5 种离子含量测定。检验员将确认后的原始记录单依次交给技术人员和授权负责人复核、签字，并将复核后的原始记录报送报告室，作为生成检测报告的依据。

承担该项任务的检验员，应遵守实验室管理规定，在确保环境安全和人员安全的前提下，依据检测标准《水质　可溶性阳离子（Li^+、Na^+、NH_4^+、K^+、Ca^{2+}、Mg^{2+}）的测定　离子色谱法》（HJ 812—2016）的规定制定检测方案，准备仪器设备和试剂，实施检测；复核检测结果，提交原始记录，出具检测报告；按照实验室 6S（整理、整顿、清扫、清洁、素养、安全）管理规范清洁、整理实验室，保养仪器设备并填写记录。

学习活动及学时分配

活动序号	学习活动	学时	备注
1	接受任务	4	共 40 学时
2	制定方案	6	
3	实施检测	18	
4	验收交付	4	
5	总结拓展	8	

知识、技能与素养

知识	技能	素养
1. 样品检测委托单内容 2. 检测标准《水质　可溶性阳离子（Li^+、Na^+、NH_4^+、K^+、Ca^{2+}、Mg^{2+}）的测定　离子色谱法》（HJ 812—2016） 3. 离子交换树脂基础知识	1. 能正确解读检测标准，制定检测方案 2. 能正确进行样品前处理 3. 能正确选择和配制淋洗液、标准储备液和标准使用溶液等 4. 能正确选择并安装色谱柱、电导检测器和抑制器	1. 安全意识 2. 环保意识 3. 劳动意识 4. 工匠精神 5. 科学素养 6. 诚实守信

续表

知识	技能	素养
4. 离子色谱分析理论基础 5. 离子色谱分析原理 6. 离子色谱仪结构与工作原理 7. 电导检测器、抑制器和淋洗液在线发生器工作原理 8. 离子色谱仪操作规程	5. 能正确梳理淋洗液流动方向 6. 能正确使用离子色谱仪和工作站完成样品分析 7. 实验过程符合6S管理及健康与环境保护要求	7. 持之以恒 8. 交流沟通 9. 团队精神

学习任务	水质样品无机阳离子 Na^+、K^+、NH_4^+、Ca^{2+}、Mg^{2+}指标测定	教学流程	接受任务
班　级		姓　名	

学习活动一　接受任务

建议学时：4 学时

学习要求： 通过该活动，明确样品检测委托单中的任务及要求，学习工业生产用水中 Na^+、K^+、NH_4^+、Ca^{2+}、Mg^{2+} 5 种离子含量检测的方法，并编写检测任务分析报告。工学一体化要求及学时见表 1-1-1。

表 1-1-1　　工学一体化要求及学时

序号	工作步骤	要求	学时	备注
1	识读任务书	能提取关键词，快速明确任务要求，并清晰表达，读懂任务书各项内容	0.5	
2	精读《水质　可溶性阳离子（Li^+、Na^+、NH_4^+、K^+、Ca^{2+}、Mg^{2+}）的测定　离子色谱法》（HJ 812—2016）及信息页	能从《水质　可溶性阳离子（Li^+、Na^+、NH_4^+、K^+、Ca^{2+}、Mg^{2+}）的测定　离子色谱法》（HJ 812—2016）及信息页中提取所有必要信息，对工业生产用水中 Na^+、K^+、NH_4^+、Ca^{2+}、Mg^{2+}的测定有较全面的认识	2	
3	确定检测方法	能够选择完成任务所需要的方法，并进行时间和工作场所安排，掌握相关理论知识，列出所需试剂和仪器设备		
4	编写检测任务分析报告	逻辑科学合理，思路清晰，语言描述流畅	1	
5	评价	实事求是	0.5	

一、了解样品信息

接收样品并对样品进行简单性状描述。请把下面符合样品性状描述的词汇画上下画线。

透明、不透明、有色、无色、罐装、袋装、散装、液体、固体、气体、有臭味、无臭味。

二、填写样品检测委托单

认真阅读样品检测委托单，填写样品检测委托单位、委托人、委托样品数量、装样容器、样品质量或体积、样品性状、检测项目、样品存放条件、样品存放时间、样品处置方式和报告出具时间等信息。

样品检测委托单见表 1-1-2。

表 1-1-2　　样品检测委托单

<table>
<tr><td colspan="6">样品情况</td></tr>
<tr><td>样品名称</td><td colspan="5"></td></tr>
<tr><td>样品形态</td><td colspan="5">□水样　□泥样　□固体样品　□气体样品</td></tr>
<tr><td>样品数量/个</td><td></td><td>装样容器</td><td></td><td>样品质量或体积</td><td></td></tr>
<tr><td>顾客对样品的描述</td><td colspan="5"></td></tr>
<tr><td>样品性状</td><td colspan="5">□浊　□较浊　□较清洁　□清洁　□黑色
□灰色　□其他颜色</td></tr>
<tr><td colspan="6">顾客委托分析检测事项情况记录</td></tr>
<tr><td>检测项目或参数</td><td colspan="5">□Li^+　□Ca^{2+}　□Mg^{2+}　□Na^+　□K^+　□NH_4^+</td></tr>
<tr><td>检测主要参照标准</td><td colspan="5"></td></tr>
<tr><td>检测类别</td><td colspan="5">□咨询性检测　□生产运营性检测　□仲裁性检测　□诉讼性检测</td></tr>
<tr><td>期望完成时间</td><td colspan="5">□普通（15 天之内）　□加急（7 天之内）　□特急
年　月　日　年　月　日　年　月　日</td></tr>
<tr><td colspan="6">顾客对其样品及报告的处置意见</td></tr>
<tr><td>样品存放及
使用后的处置方式</td><td colspan="5">□室温/避光/冷藏（4 ℃）
□检测前可在室温下保存 7 天
□客户回收
□按废弃物立即处理
□按副样保存期限保存　□3 个月　□6 个月　□12 个月　□24 个月</td></tr>
<tr><td>检测报告
载体形式</td><td colspan="2">□纸质　□电子文档</td><td>检测报告
送达方式</td><td colspan="2">□自取　□普通邮寄
□传真　□电子邮件</td></tr>
</table>

续表

顾客名称（甲方）		单位名称（乙方）	
地址		地址	
邮政编码		邮政编码	
电话		电话	
传真		传真	
电子邮件		电子邮件	
甲方委托人（签名）		乙方受理人（签名）	
委托日期	年 月 日	受理日期	年 月 日

注：本委托书一式三份，甲方执一份，乙方执两份。甲方委托人和乙方受理人签字后协议生效。

三、编写检测任务分析报告

根据样品检测委托单等信息，编写检测任务分析报告，见表 1-1-3。

表 1-1-3 检测任务分析报告

序号	项目	名称	备注
1	样品检测委托单位		
2	委托人		
3	委托样品		
4	检验参照标准		
5	检测项目		
6	样品存放条件		
7	样品处置方式		
8	样品存放时间		
9	出具报告时间		
10	出具报告形式		

四、阅读检测标准

阅读检测标准，明确检测方法。

1. 本次检测任务主要参照的检测标准是____。除此以外，还有哪些检测标准，请通过信息检索举例说明。

2. 简述本次检测任务所依据的检测标准中呈现的检测原理。

3. 简述本次检测任务所依据的检测标准中呈现的干扰和消除方法。

4. 根据检测标准中方法检出限、测定下限及水质样品保存条件和要求，完善表 1-1-4。

表 1-1-4　　样品保存及检测要求

阳离子	盛放容器的材质	保存时间/天	方法检出限/(mg/L)	测定下限/(mg/L)
Na^{+}				
K^{+}				
NH_4^{+}				
Ca^{2+}				
Mg^{2+}				

5. 请将下列标准溶液的配制按正确顺序排序。

①标准工作曲线溶液　②标准使用溶液　③混合标准使用溶液　④标准储备溶液

排序结果：________________。

6. 检索抽滤或过滤装置所使用的微孔滤膜信息，完善表 1-1-5。

表 1-1-5　　微孔滤膜信息

微孔滤膜类别	微孔滤膜主要材质	适用范围	微孔孔径/μm
水相微孔滤膜			□0.45 □0.22
有机相微孔滤膜			□0.45 □0.22

7. 简述检测标准中推荐的阳离子色谱柱填充材料的主要组分，并写出聚合物单体的分子式。

8. 检测标准中推荐了哪些淋洗液，浓度分别是多少？

9. 请描述检测标准中结果计算公式 $\rho=\frac{h-h_0-a}{b}\times f$ 中每个参数的含义。

10. 对某样品溶液进行阳离子分析，得到 K^+质量浓度 ρ(mg/L) 的线性回归方程 $h=0.1266\rho-0.0115$ 和峰面积 0.166 6，空白实验中 K^+的峰面积为 0，稀释倍数为 1，计算样品中 K^+的含量。

11. 工业循环水使用一段时间后，根据分析检测结果，需进行再生处理，常用的处理方法有哪些？

五、评价

评价建议见表 1-1-6。

表 1-1-6　　　　　　评价建议

项目（配分）	项目明细（配分）及要求		配分	评分细则	自评	小组评价	教师评价
职业素养（20）	学习纪律（5）	按时到岗，不早退	1	违反一次不得分			
		积极思考并回答问题	2	根据上课统计情况得 1~2 分			
		学习用品准备齐全	1	学习用品齐全得 1 分			
		服从安排	1	不符合要求扣 1 分			
	职业道德（6）	主动与他人合作	2	不主动扣 1 分			
		主动帮助同学	2	不主动扣 1 分			
		仪容仪态规范，举止文明	2	符合要求得 2 分，其余不得分			
	6S 管理（4）	桌面、地面整洁	2	符合要求得 2 分，其余不得分			
		物品定置管理	2	符合要求得 2 分，其余不得分			
	职业能力（5）	阅读与整理信息	5	能快速阅读、准确理解信息并能清晰表达得 5 分，其余情况酌情得 1~4 分			
专业能力（80）	识读任务书（20）	理解任务书各项内容	5	完全理解得 5 分，部分理解得 1~4 分，不清楚不得分			
		规范填写任务书内容	5	规范得 5 分，其余情况酌情得 1~4 分			
		选用检测标准合理	5	合理得 5 分，不合理不得分			
		编写检测任务分析报告合理	5	内容全面、无错误得 5 分，其余情况酌情得 1~4 分			
	识读检测标准（40）	读懂检测标准的适用范围	5	全部理解并能完整叙述得 5 分，其余情况酌情得 1~4 分			

续表

<table>
<tr><th>项目（配分）</th><th colspan="2">项目明细（配分）及要求</th><th>配分</th><th>评分细则</th><th>自评</th><th>小组评价</th><th>教师评价</th></tr>
<tr><td rowspan="8">专业能力（80）</td><td rowspan="3">识读检测标准（40）</td><td>掌握并能描述分析方法原理、样品处理方法、干扰与消除方法、溶液配制方法和数据处理方法</td><td>15</td><td>文字、语言表述清晰、流畅且无缺项得 15 分，其余情况酌情得 1～14 分，字迹潦草无法阅读不得分</td><td></td><td rowspan="3"></td><td rowspan="8"></td></tr>
<tr><td>描述要准备的仪器设备</td><td>5</td><td>描述清晰、流畅、完整得 5 分，其余情况酌情得 1～4 分</td><td></td></tr>
<tr><td>描述分析检测步骤和废弃物处理的环境保护要求</td><td>15</td><td>文字、语言表述清晰、流畅得 15 分，其余情况酌情得 1～14 分，字迹潦草无法阅读不得分</td><td></td></tr>
<tr><td rowspan="5">工作页（20）</td><td>按时提交</td><td>4</td><td>按时提交得 4 分，迟交不得分</td><td></td><td rowspan="5"></td></tr>
<tr><td>书写整齐度</td><td>4</td><td>文字工整、字迹清楚得 4 分</td><td></td></tr>
<tr><td>内容完成程度</td><td>4</td><td>按完成程度分别得 1～4 分</td><td></td></tr>
<tr><td>回答准确率</td><td>4</td><td>视准确率情况分别得 1～4 分</td><td></td></tr>
<tr><td>见解独到性</td><td>4</td><td>视见解独到情况分别得 1～4 分</td><td></td></tr>
<tr><td colspan="5">总分</td><td></td><td></td><td></td></tr>
<tr><td colspan="5">综合得分（加权平均分，自评占 20%，小组评价占 30%，教师评价占 50%）</td><td colspan="3"></td></tr>
<tr><td colspan="4">组长签字：</td><td colspan="4">教师签字：</td></tr>
<tr><td colspan="8">学生对本活动的总体评述（从职业素养、职业能力的提升方面进行评述，分析不足之处并提出改进措施）：</td></tr>
<tr><td colspan="8">教师指导意见：</td></tr>
</table>

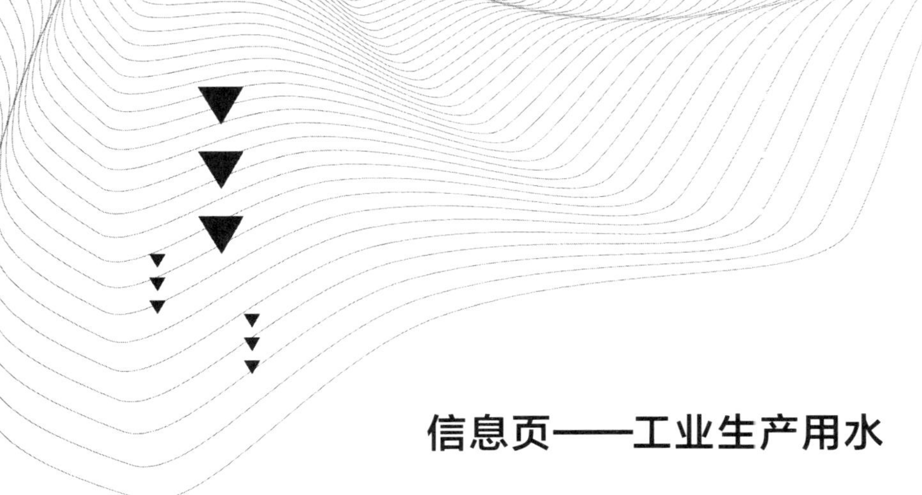

信息页——工业生产用水

一、工业生产用水水质标准

工业生产用水量很大，其中，循环冷却水占很大的比例。循环冷却水水质指标见表 1-1-7。

表 1-1-7　　循环冷却水水质指标

项目	单位	要求和使用条件	允许值
浊度	NTU	根据生产工艺要求确定	≤20
		板式、翅片管式、螺旋板式换热设备	≤10
pH	—	根据药剂配方确定	7.0~9.2
钙硬度+甲基橙碱度	mg/L	根据药剂配方及工况条件确定	≤1 500
总铁	mg/L	—	≤1.5
氯离子	mg/L	碳钢换热设备	≤1 000
		不锈钢换热设备	≤700
硫酸根离子	mg/L	—	≤2 000
硅酸	mg/L	—	≤175
游离氯	mg/L	在回水总管处	0.1~1.0

注：甲基橙碱度以碳酸钙计，硅酸以二氧化硅计，镁离子以碳酸钙计。

1. 密闭式系统循环冷却水的水质标准应根据生产工艺要求确定。

2. 敞开式系统循环冷却水的设计浓缩倍数不宜小于 3.0，浓缩倍数可按下式计算：

$$N=Q_M/(Q_H+Q_W)$$

式中　N——浓缩倍数；

Q_M——补充水流量，m^3/h；

Q_H——排污水流量，m^3/h；

Q_W——风吹损失水流量，m^3/h。

3. 敞开式系统循环冷却水中的异养菌数宜小于 5×10^5 个/mL，黏泥量宜小于 4 mL/m^3。

二、技术参数

1. 流量范围：40～2 400 m^3/h。
2. 过滤精度：100～2 000 μm。
3. 工作压力：0.1～1.6 MPa。
4. 压力损失：≤ 0.016 MPa。
5. 排污阀口径：DN 50。
6. 排污时间：10～60 s。
7. 排污耗水量：<1%。
8. 适用温度：≤ 85 ℃。
9. 电源：交流三相 380 V/50 Hz。
10. 控制界面：数显、旋钮、开关。
11. 滤网类型：316 不锈钢。

三、处理方法

循环冷却水在工业生产用水中占很大的比例，常用处理方法如下：

1. 去除悬浮物：增设旁滤装置，旁滤流量一般为循环水流量的 1%～5%，过滤去除悬浮物。

2. 控制结垢：软化除盐或投加阻垢剂。

3. 控制腐蚀：投加阻垢剂，使金属表面形成一层薄膜将金属覆盖起来，从而与腐蚀介质隔绝，防止金属腐蚀。

4. 控制微生物：投加杀菌剂。

在石油化工、电力、钢铁、冶金等行业，循环冷却水的用量占企业用水总量的 50%～90%。循环冷却水由于受浓缩倍数的制约，在运行中必须排出一定量的浓水和补充一定量的新水，使冷却水中的含盐量、pH、有机物浓度、悬浮物含量控制在合理的范围。对这部分排放的浓水进行具体处理并回收使用，具有重要的意义。它不但能提高水的重复利用率，节约水资源，而且能极大地改善循环冷却水的整体状况。对于一台 3×10^5 kW 的冷凝机组，循环冷却水流量约为 3.3×10^4 t/h。假定原水中含盐量为 1 g/L，浓缩倍数为 3，那么循环冷却水的浓水排放为 0.6%～0.8%，即 198～264 m^3/h。需补充的新水等于排水及蒸发损失等，补充水流量为循环冷却水流量的 2.0%～2.6%，即 660～860 m^3/h。可见，水资源消耗量与污水排放量是很大的。

综上所述，监控循环冷却水离子含量，对于确保安全生产正常进行是非常重要的。

学习任务	水质样品无机阳离子 Na^+、K^+、NH_4^+、Ca^{2+}、Mg^{2+}指标测定	教学流程	制定方案
班　　级		姓　　名	

学习活动二　制定方案

建议学时：6 学时

学习要求： 掌握离子色谱分析必备知识。通过认真阅读《水质　可溶性阳离子（Li^+、Na^+、NH_4^+、K^+、Ca^{2+}、Mg^{2+}）的测定　离子色谱法》（HJ 812—2016）和信息页，编制工作流程，编写试剂、仪器设备清单和溶液配制清单，完成水质样品中无机阳离子 Na^+、K^+、NH_4^+、Ca^{2+}、Mg^{2+}指标检测方案的制定和决策。工学一体化要求及学时见表 1-2-1。

表 1-2-1　　　　工学一体化要求及学时

序号	工作步骤	要求	学时	备注
1	解读检测标准	1. 熟悉检测标准规定的使用方法的检测原理 2. 明确检测标准规定的使用方法的检测流程 3. 明确检测标准规定的使用方法的使用范围和注意事项	2	
2	编写检测流程表	流程表符合项目检测要求	0.5	
3	编制试剂、仪器设备清单	试剂、仪器设备清单完整，满足水质样品 5 种无机离子含量检测实验进程和客户需求	1	
4	编制溶液配制清单	溶液配制清单完整，满足水质样品 5 种无机离子含量检测实验进程和客户需求	1	
5	编制检测方案	检测方案描述清晰，设计合理，检验指标符合客户要求，检测方法符合国家标准或环境保护检测部门的要求。仪器设备、试剂应与清单罗列项目一一对应	1	

续表

序号	工作步骤	要求	学时	备注
6	评价	方案科学合理，具有可操作性	0.5	

一、知识准备

通过阅读信息页和查阅有关资料，完成下列知识准备。

1. 离子交换树脂是一类________________高分子材料。其骨架的主要组分一般是______________和______________，此外还有__________________。按树脂中化学活性基团的种类，离子交换树脂可分为阳离子交换树脂和阴离子交换树脂两大类。

2. 阳离子交换树脂具有交换功能的活性基团主要是含有磺酸基________、羧基________或苯酚基________等的酸性基团，其中的氢离子能与溶液中的金属离子或其他阳离子进行交换。

3. 写出硬水软化过程中，高聚物经磺化处理得到强酸性阳离子交换树脂（以 Ca^{2+} 交换为例）的反应方程式。

4. 认真阅读信息页，简述什么是离子色谱。

5. 离子色谱的分离机理主要是离子交换。离子交换有 3 种分离方式，即高效离子交换色谱（简称 HPIC）、离子排斥色谱（简称__________）和离子对色谱（简称__________）。

6. 离子色谱的主要填料类型是有机离子交换树脂，以苯乙烯-二乙烯基苯共聚体为骨架，在苯环上引入________，形成强酸性阳离子交换树脂。

7. 离子色谱系统主要由流动相________、________、________和________ 4 个部分组成，流动相流经的管道、阀门、泵、柱子及接头等均不宜用________材料，而应用耐酸碱腐蚀的________材料的全塑 IC（离子色谱）系统。

8. 预处理柱可分为以____________为基质的 RP（反相）柱或以____________为基质的键合 C_{18}（十八烷基）柱，预处理柱的作用是________________。

9. 通过现代通信和网络设备等查阅相关资料，简述离子色谱电导检测器的工作原理、结构和主要特点。

10. 简述离子色谱分析中阳离子抑制器的主要作用，写出抑制器阳极室和阴极室的电解反应方程式。若从分离柱至阳离子抑制器的离子有 Y^+、X^-、H^+、MSA^-①、SO_4^{2-}，试分析这些离子的流向，并写出阳离子抑制器发生的主要反应的方程式。

二、编制工作流程

认真梳理该项目的检测方法，编制工作流程，完成表 1-2-2。

表 1-2-2 工作流程

序号	工作流程	主要工作内容	工作要求	完成时间
1				
2				
3				
4				
5				
6				
7				
8				
9				
10				

三、编制准备清单

编制试剂、仪器设备、溶液配制清单。

① 本书中，MSA^- 指甲磺酸离子。

1. 根据检测任务，完成表 1-2-3 描述的内容，列出所需药品、试剂。

表 1-2-3　　药品、试剂清单

序号	药品、试剂名称	规格	所需数量	负责人
1				
2				
3				
4				
5				
6				
7				
8				
9				
10				

2. 根据检测任务，完成表 1-2-4 描述的内容，列出所需仪器设备。

表 1-2-4　　仪器设备清单

序号	仪器设备名称	规格	数量	型号	用途	负责人
1						
2						
3						
4						
5						
6						
7						
8						
9						
10						

3. 根据检测任务，完成表 1-2-5 描述的内容，填写溶液配制清单。

表 1-2-5　　溶液配制清单

序号	溶液名称	配制方法	负责人	数量	浓度	分装瓶数
1						

续表

序号	溶液名称	配制方法	负责人	数量	浓度	分装瓶数
2						
3						
4						
5						
6						
7						
8						
9						
10						

四、问题与思考

1. 制定本检测方案依据的检测标准是什么？

2. 假设使用的淋洗液是甲磺酸（CH_3SO_3H），已知甲磺酸的相对分子质量是96.106，密度为1.481 g/cm^3，欲配制2 L 20 mmol/L的甲磺酸淋洗液，试计算需要多少毫升的甲磺酸。

3. 将绘制标准曲线所用的标准系列工作溶液质量浓度填写在表1-2-6中。

表1-2-6　标准系列工作溶液质量浓度　单位：mg/L

离子	移取混合标准使用溶液体积/mL					
	0.00	1.00	2.00	5.00	10.00	20.00
Na^+						
NH_4^+						
K^+						
Ca^{2+}						
Mg^{2+}						

五、评价

评价建议见表 1-2-7。

表 1-2-7 评价建议

项目（配分）	项目明细（配分）及要求		配分	评分细则	自评	小组评价	教师评价
职业素养（20）	学习纪律（5）	按时到岗，不早退	1	违反一次不得分			
		积极思考并回答问题	2	根据上课统计情况得 1~2 分			
		学习用品准备齐全	1	学习用品齐全得 1 分			
		服从安排	1	不符合要求扣 1 分			
	职业道德（6）	主动与他人合作	2	不主动扣 1 分			
		主动帮助同学	2	不主动扣 1 分			
		仪容仪态规范，举止文明	2	符合要求得 2 分，其余不得分			
	6S 管理（4）	桌面、地面整洁	2	符合要求得 2 分，其余不得分			
		物品定置管理	2	符合要求得 2 分，其余不得分			
	职业能力（5）	阅读与整理信息	3	阅读能力强、信息把握准确得 3 分，其余情况酌情得 1~2 分			
		交流沟通、计划决策	2	有效沟通、计划决策合理得 2 分，错误不得分			
		创新能力（加分项）	5	有创新，视情况加 1~5 分			
专业能力（80）	时间安排（10）	时间分配要求	10	时间安排合理，规定时间内完成方案制定与决策得 10 分，其余情况酌情得 1~9 分			

续表

项目（配分）	项目明细（配分）及要求		配分	评分细则	自评	小组评价	教师评价
专业能力（80）	检测依据（10）	检测标准合理性	5	依据的检测标准科学合理得 5 分，不合理不得分			
		参考资料	5	收集的参考资料对完成任务有帮助得 1～5 分，否则不得分			
	检测流程（10）	检测流程情况	10	内容完整、顺序正确得 10 分，缺一项扣 1 分，错误不得分			
	药品试剂（10）	药品、试剂清单及溶液配制清单	10	完整、工确得 10 分，错漏一项扣 1 分			
	仪器设备（10）	仪器设备清单	10	完整、正确得 10 分，错漏一项扣 1 分			
	人员安排（5）	计划制订和工作过程人员安排	5	计划制订和工作过程人员安排合理、分工明确得 5 分，错漏一项扣 1 分			
	安全环保（5）	健康、安全、环保	5	方案关注健康、安全、环保得 5 分，其余情况酌情得 1~4 分			
	工作页（20）	按时提交	4	按时提交得 4 分，迟交不得分			
		书写整齐度	4	文字二整、字迹清楚得 4 分			
		内容完成程度	4	按完成程度分别得 1～4 分			
		回答准确率	4	视准确率情况分别得 1～4 分			
		见解独到性	4	视见解独到情况分别得 1～4 分			

续表

项目（配分）	项目明细（配分）及要求	配分	评分细则	自评	小组评价	教师评价
总分						
综合得分（加权平均分，自评占 20%，小组评价占 30%，教师评价占 50%）						
组长签字：			教师签字：			
学生对本活动的总体评述（从职业素养、职业能力的提升方面进行评述，分析不足之处并提出改进措施）：						
教师指导意见：						

信息页——离子色谱基础

一、离子交换树脂

离子交换树脂是一类带有离子交换功能的活性基团的高分子材料。其骨架一般是苯乙烯和二乙烯基苯的交联聚合物，此外还有丙烯酸系等很多种骨架。在溶液中，离子交换树脂能将本身的离子与溶液中的同性离子进行交换。按活性基团性质的不同，离子交换树脂可分为阳离子交换树脂和阴离子交换树脂两类。

阳离子交换树脂大多含有磺酸基（$-SO_3H$）、羧基（$-COOH$）或苯酚基（$-C_6H_4OH$）等酸性基团，其中的 H^+ 能与溶液中的金属离子或其他阳离子进行交换。例如，苯乙烯和二乙烯基苯的高聚物经磺化处理得到强酸性阳离子交换树脂，其结构式可简单表示为 $R-SO_3H$，式中 R 代表树脂母体，其交换原理为

$$2R-SO_3H+Ca^{2+} \rightarrow (R-SO_3)_2Ca+2H^+$$

这也是硬水软化的原理。

阴离子交换树脂含有季胺基［$-N(CH_3)_3OH$］、胺基（$-NH_2$）或亚胺基（$-NH-$ 或 $=NH$）等碱性基团。阴离子交换树脂在水中能生成 OH^-，可与各种阴离子起交换作用。以含季胺基的阴离子交换树脂为例，其交换原理为

$$R-N(CH_3)_3OH+Cl^- \rightarrow R-N(CH_3)_3Cl+OH^-$$

由于离子交换作用是可逆的，用过的离子交换树脂一般用适当浓度的无机酸或碱进行洗涤，可恢复到原状态而重复使用，这一过程称为再生。阳离子交换树脂可用稀盐酸、稀硫酸等溶液淋洗，阴离子交换树脂可用氢氧化钠等溶液处理，进行再生。

离子交换树脂的用途很广，主要用于分离和提纯。例如，离子交换树脂可用于硬水软化和制取去离子水，回收工业废水中的金属，分离稀有金属和贵金属，分离和提纯抗生素等。

二、离子色谱

离子色谱（ion chromatography，IC）是高效液相色谱（HPLC）的一种，是分析阴离子和阳离子的一种液相色谱方法。

1. 离子色谱的基本原理

离子色谱的分离机理主要是离子交换，分为3种分离方式，即高效离子交换色谱（HPIC）、离子排斥色谱（HPIEC）和离子对色谱（MPIC）。用于3种分离方式的柱填料的树脂骨架基本是苯乙烯-二乙烯基苯的共聚物，但树脂的离子交换基和容量各不相同。HPIC用低容量的离子交换树脂，HPIEC用高容量的树脂，MPIC用不含离子交换基团的多孔树脂。3种分离方式基于不同的分离机理：HPIC的分离机理主要是离子交换，HPIEC的分离机理主要为离子排斥，而MPIC的分离机理则主要基于吸附和离子对的形成。

（1）高效离子交换色谱。高效离子交换色谱应用离子交换的原理，采用低容量的离子交换树脂来分离离子，在离子色谱中应用最广泛。其主要填料类型为有机离子交换树脂，以苯乙烯-二乙烯基苯共聚体为骨架，在苯环上引入磺酸基，形成强酸性阳离子交换树脂；引入叔胺基，形成季胺型强碱性阴离子交换树脂。此交换树脂具有大孔或薄壳型或多孔表面层型的物理结构，以便于快速达到交换平衡。离子交换树脂的优点是耐酸碱，可在任何pH范围内使用，易再生处理，使用寿命长；缺点是机械强度差，易溶胀，易受有机物污染。

硅质键合离子交换剂以硅胶为载体，使有离子交换基的有机硅烷与基表面的硅醇基反应，形成化学键合型离子交换剂，其优点是柱效高、交换平衡快、机械强度高，缺点是不耐酸碱，只宜在pH为2~8范围内使用。

高效离子交换色谱是最常用的离子色谱。

（2）离子排斥色谱。它主要根据Donnan（唐南）膜排斥效应①，电离组分受排斥不被保留，而弱酸则有一定保留的原理，制成离子排斥色谱。离子排斥色谱主要用于分离有机酸以及无机含氧酸根，如CO_3^{2-}、SO_4^{2-}等。离子排斥色谱主要采用高容量树脂为填料，以稀盐酸为淋洗液。

（3）离子对色谱。离子对色谱的固定相为疏水型的中性填料，可用苯乙烯-二乙烯基苯共聚体或十八烷基硅胶（ODS），也可用辛烷基硅胶或氰基键合固定相。流动相由含有所谓对离子试剂和含适量有机溶剂的水溶液组成。对离子是指其电荷与待测离子相反，并能与之生成疏水性离子对化合物的表面活性剂离子。用于阴离子分离的对离子是烷基胺类，如氢氧化四丁基铵、十六烷基三甲基氢氧化铵等；用于阳离子分离的对离子是烷基磺酸类，如己烷磺酸钠、庚烷磺酸钠等。对离子的非极性端亲脂，极性端亲水，其$-CH_2-$键越长，则离子对化合物在固定相的保留越强。在极性流动相中，

---

① Donnan（唐南）膜排斥效应指由于溶液中存在唐南膜平衡，电解质向离子交换树脂渗透时被排斥的现象。

往往加入一些有机溶剂，以加快淋洗速度。此法主要用于疏水性阴离子以及金属络合物的分离，至于其分离机理，则有 3 种不同的假说：反相离子对分配、离子交换以及离子相互作用。

2. 离子色谱系统

IC 系统的构成与 HPLC 相同，仪器由流动相传送部分、分离柱、检测器和数据处理 4 个部分组成，在需要抑制背景电导的情况下通常还配有抑制器。其主要不同之处是 IC 的流动相要求应用耐酸碱腐蚀以及在可与水互溶的有机溶剂（如乙腈、甲醇和丙酮等）中不溶胀的系统。因此，凡是流动相通过的管道、阀门、泵、柱子及接头等均不宜用不锈钢材料，而应用耐酸碱腐蚀的 PEEK（聚醚醚酮）材料的全塑 IC 系统。

离子色谱最重要的部件是分离柱。柱管材料应是惰性的，一般在室温下使用。高效柱和特殊性能分离柱的研制成功，是离子色谱迅速发展的关键。

3. 离子色谱的优点

（1）快速、方便。离子色谱对 7 种常见阴离子（F^-、Cl^-、Br^-、NO_2^-、NO_3^-、SO_4^{2-}、PO_4^{3-}）和 6 种常见阳离子（Li^+、Na^+、NH_4^+、K^+、Mg^{2+}、Ca^{2+}）的平均分析时间小于 8 min。用高效快速分离柱对上述 7 种常见阴离子达到基线分离只需 3 min。

（2）灵敏度高。离子色谱分析的质量浓度范围为数微克每升（1～10 μg/L）至数百毫克每升。直接进样（25 μL），电导检测，对常见阴离子的检出限小于 10 μg/L。

（3）选择性好。IC 分析无机和有机阴、阳离子的选择性可通过选择恰当的分离方式、分离监测方法来实现。与 HPLC 相比，IC 中固定相对选择性的影响较大。

（4）可同时分析多种离子化合物。与光度法、原子吸收法相比，离子色谱的主要优点是可同时检测样品中的多种组分，只需很短的时间就可得到阴、阳离子以及样品组分的全部信息。

（5）分离柱的稳定性好、容量高。与 HPLC 中所用的硅胶填料不同，IC 柱填料的高 pH 稳定性允许用强酸或强碱作淋洗液，有利于扩大应用范围。

4. 离子色谱的检测方法

离子色谱的检测器分为两大类，即电化学检测器和光化学检测器。电化学检测器包括电导、安培检测器，光化学检测器包括紫外—可见吸收检测器和荧光检测器。

随着离子色谱的广泛应用，离子色谱的检测技术已由单一的化学抑制型电导法发展为包括电化学、光化学和与其他多种分析仪器联用的方法。具体检测方法有抑制电导检测法、直接电导检测法、紫外吸收光度法、柱后衍生光度法、电化学法、与元素选择性检测器联用法。

5. 离子色谱的应用

（1）无机阴离子的检测。无机阴离子检测是发展最早，也是目前最成熟的离子色谱检测方法，包括水相样品中的 F^-、Cl^-、Br^-等卤素阴离子及 SO_4^{2-}、$S_2O_3^{2-}$、CN^-等阴离子检测，可广泛应用于饮用水水质检测，啤酒、饮料等食品安全检测，废水排放达标检测，冶金工艺水样、石油工业样品等工业制品的质量控制。特别是由于卤素阴离子在电子工业中的残留受到越来越严格的限制，离子色谱被广泛应用于无卤素分析等重要工艺控制部门。

无机阴离子交换柱通常采用带有季胺基团的交联树脂或其他具有类似性质的物质。常用的淋洗液为 Na_2CO_3 和 $NaHCO_3$ 按一定比例配制成的稀溶液，改变淋洗液的组成比例和浓度，可控制不同阴离子的保留时间和出峰顺序。

（2）无机阳离子的检测。无机阳离子检测与无机阴离子检测的原理类似，所不同的是采用了磺酸基阳离子交换柱。常用的淋洗液系统如酒石酸/二甲基吡啶酸系统，可有效分析水相样品中的 Li^+、Na^+、K^+、Ca^{2+}、Mg^{2+}、NH_4^+ 等离子。

（3）有机阴离子和阳离子分析。随着离子色谱技术的发展，新的分析设备和分离手段不断出现，逐渐发展到分析生物样品中的某些复杂离子，目前较成熟的应用如下：

1）生物胺的检测。使用特定交换柱以 2.5 mmol/L 硝酸/10%（体积分数）丙酮作为淋洗液，3 μL 进样，可有效分析腐胺、组胺、尸胺等，已经成为刑事侦查系统和法医学的重要检测手段。

2）有机酸的检测。使用特定分离柱、抑制器，以 0.5 mmol/L H_2SO_4 作为淋洗液，可有效分析乳酸、甲酸、乙酸、丙酸、丁酸、异丁酸、戊酸、异戊酸、苹果酸、柠檬酸等各种有机酸，在发酵工业、食品工业中是简便有效的检测方法。

3）糖类分析。目前已经开发出各种糖类分析手段，包括葡萄糖、乳糖、木糖、阿拉伯糖、蔗糖等多种糖类分析方法，在食品工业中的应用尤其广泛。

信息页——离子色谱阳离子抑制器工作原理

离子色谱一般需要抑制器。抑制器中起分离、抑制作用的主要是电化学膜。抑制器一般有两个作用：一是降低淋洗液的背景电导；二是增加被测离子的电导值，改善信噪比。

常用抑制器内部一般分为 3 个室，分别为两膜之间的抑制室和膜两侧的阳极室、阴极室，如图 1-2-1 所示。

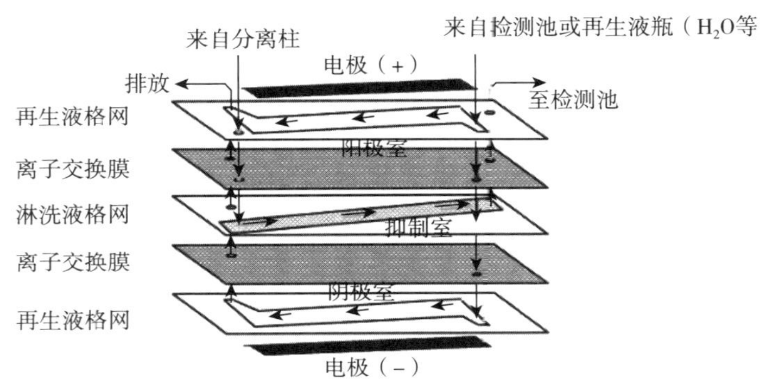

图 1-2-1　抑制器内部结构

阳极室和阴极室中装有电极，通过电解水产生 H^+或 OH^-来满足化学抑制器所需的离子。

阳离子抑制器用于分析阳离子。在电场的作用下，样品及淋洗液中的阴离子透过阴离子交换膜进入阳极室，作为废液废弃排出。阴极室水电解产生的 OH^-透过阴离子交换膜进入抑制室，与淋洗液及样品中的阳离子 H^+和 Y^+反应，这样就将抑制室中淋洗液及样品的阳离子全部转化成为水和碱，如图 1-2-2 所示。

此方法的优点是方便，不需外加酸和更换抑制胶，不会因抑制器更换胶或柱而导致不平行。缺点是不耐高压，如果抑制器中毒，就要更换新的抑制器，可能存在污染等。

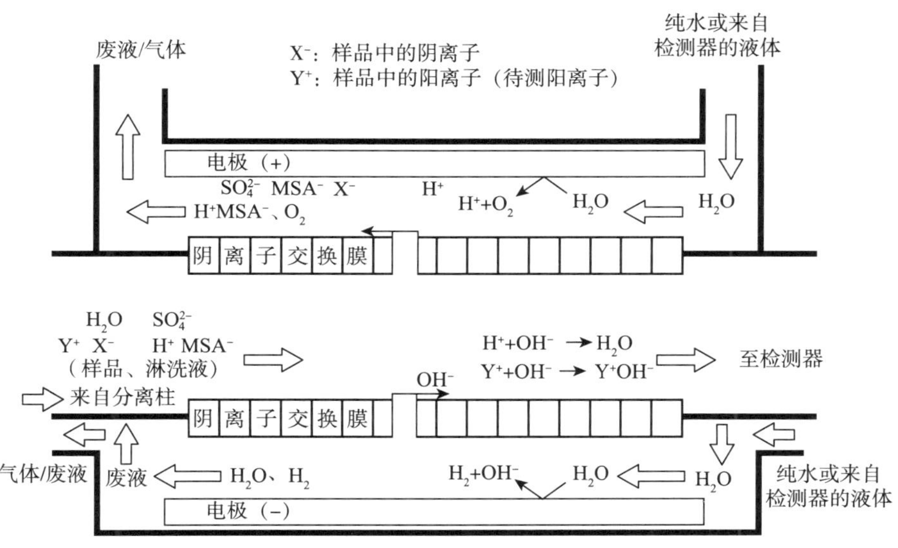

图 1-2-2 阳离子抑制器工作原理

学习任务	水质样品无机阳离子 Na^+、K^+、NH_4^+、Ca^{2+}、Mg^{2+}指标测定	教学流程	实施检测
班　级		姓　名	

学习活动三　实施检测

建议学时：18 学时

学习要求：通过认真阅读检测标准《水质　可溶性阳离子（Li^+、Na^+、NH_4^+、K^+、Ca^{2+}、Mg^{2+}）的测定　离子色谱法》（HJ 812—2016），已完成水中 Na^+、K^+、NH_4^+、Ca^{2+}、Mg^{2+}含量测定前的准备工作，制定了检测方案。现要求能正确配制符合浓度要求的试剂溶液，熟悉和规范使用仪器设备，选择、设置合适的分析参数，按检测方案进行样品检测，记录原始数据，分析、处理数据，得出实验结论。检测过程必须严谨、科学、规范，检测现场符合 6S 管理要求，数据记录与处理必须诚实守信，不弄虚作假。工学一体化要求及学时见表 1-3-1。

表 1-3-1　　工学一体化要求及学时

序号	工作步骤	要求	学时	备注
1	安全警示	遵守实验室管理制度，规范操作	0.5	
2	准备仪器设备	阅读仪器设备的操作规程，正确操作仪器设备，并对仪器设备状态进行准确判断，掌握仪器设备的使用要求，规范操作玻璃仪器和离子色谱仪	1	
3	配制溶液	正确配制试剂溶液，及时、准确记录原始数据，计算浓度。现场符合 6S 管理要求	2	公用试剂课余准备
4	方法验证	能根据方法验证要求，对方法进行验证，并判断方法是否可靠	2	

续表

序号	工作步骤	要求	学时	备注
5	样品预处理	样品保存符合要求，预处理方法选择正确	8	
6	检测样品	严格按检测方案实施检测，及时报告出现的问题并协商解决办法	4	
7	环节评价	严格按检测方案实施评价	0.5	

一、安全注意事项

请梳理工学过程中安全方面的注意事项，应分别采取什么防范措施？

二、配制溶液

1. 配制阳离子标准储备溶液，填写表 1-3-2。

表 1-3-2　　阳离子标准储备溶液配制

离子	采用的试剂	试剂纯度等级	配制量	辅助试剂及加入量	离子质量浓度/(mg/L)
Na^{+}			称量________g，用水定容至________mL		
NH_4^{+}			称量________g，用水定容至________mL		
K^{+}			称量________g，用水定容至________mL		
Ca^{2+}			称量________g，用水定容至________mL		
Mg^{2+}			称量________g，用水定容至________mL		

组长确认签字：____________ 时间：____________

2. 配制阳离子混合标准使用溶液，填写表 1-3-3。

表 1-3-3　　阳离子混合标准使用溶液配制

离子	标准储备溶液 离子质量浓度/(mg/L)	移取体积/mL	混合标准使用溶液 定容体积/mL	混合标准使用溶液 离子质量浓度/(mg/L)
Na^+				
NH_4^+				
K^+				
Ca^{2+}				
Mg^{2+}				

组长确认签字：__________　时间：__________

3. 配制阳离子淋洗液，填写表 1-3-4。

表 1-3-4　　阳离子淋洗液配制

序号	溶液名称	移取试剂 体积/mL	浓度/ (mmol/L)	配制量/mL	配制时间	配制人员
1	________储备溶液					
2	________使用溶液					

组长确认签字：__________　时间：__________

三、试样的制备

简述试样的制备方法。

四、熟悉仪器

认识仪器，确认仪器状态。

1. 确认仪器状态，若要更换分离、抑制系统，请在指导教师帮助下进行。阳离子分析系统常见管线连接方式如图 1-3-1 所示，使用前请仔细检查仪器各部件管线连接是否正确。

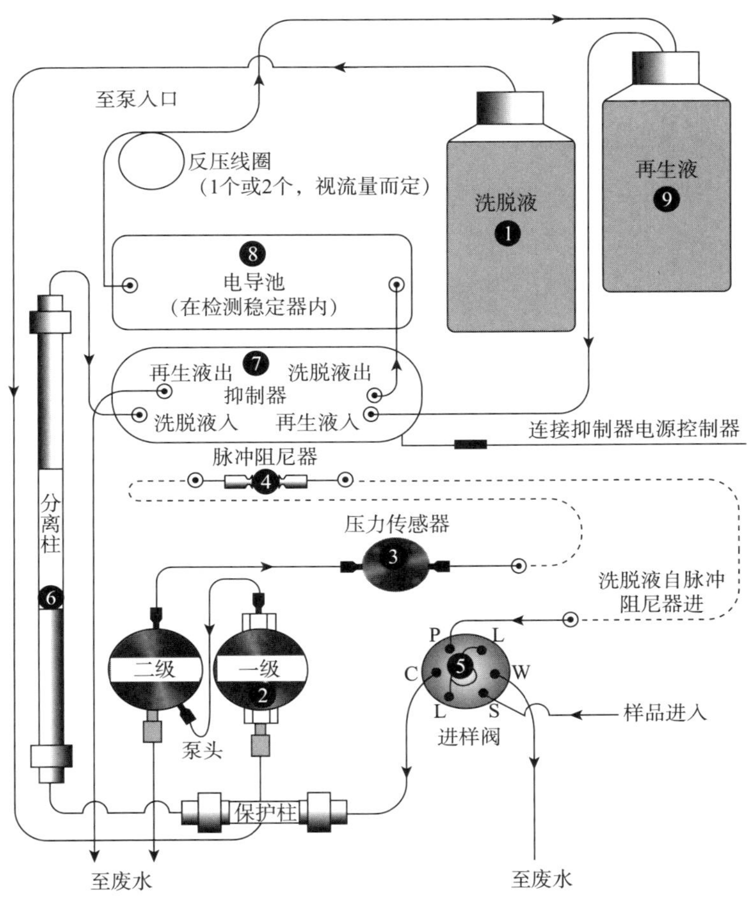

图 1-3-1 阳离子分析系统常见管线连接方式

检查结果：□正确　　　　　　□错误

如有错误，说明错误的地方，并提出修改建议，经指导教师同意后进行修改。

2. 简述淋洗液和试样溶液在管线中的流动方向。

3. 如果离子色谱仪没有配备阳离子淋洗液在线发生器，阳离子淋洗液只能手工配制，把配制好的淋洗液装入离子色谱仪上的洗脱液储液瓶中。如果使用了抑制器，注意修改抑制器的工作方式（切记!）。如果使用 RFC30 淋洗液在线发生控制装置，其工作驱动模式“DEVICE SELECT”的状态选择如下。在分析阳离子且没有淋洗液在线发生器时，请思考 RFC30 淋洗液在线发生控制装置正确的工作方式。

抑制器“AES/SRS”① 功能按钮的状态：□开　　□关　　□指示灯亮

淋洗液在线发生器“EGC”功能按钮的状态：□开　　□关　　□指示灯亮

捕获净化装置“CR-TC”功能按钮的状态：□开　　□关　　□指示灯亮

通电前，你必须与小组沟通你的想法，经组长或指导教师认可后方可通电使用。

4. 常用离子色谱仪组成及工作流程如图 1-3-2 所示。

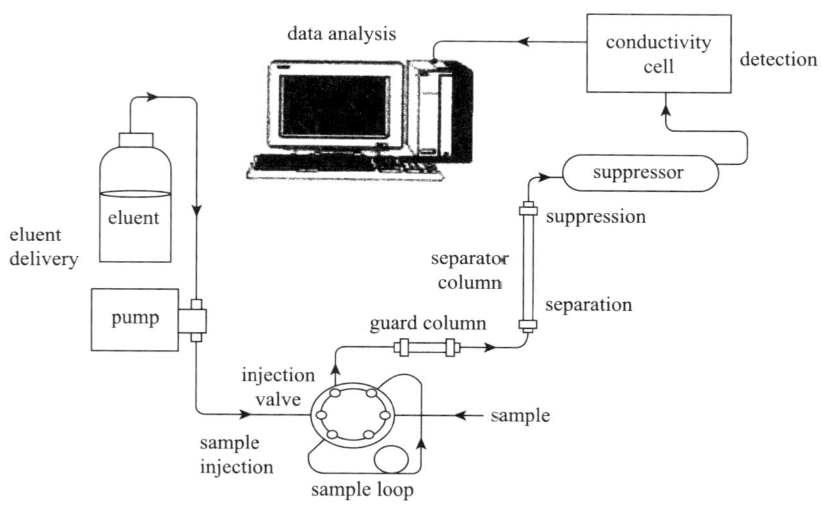

图 1-3-2　常用离子色谱仪组成及工作流程

请将图示中所有的英文单词翻译成对应的汉语，完成表 1-3-5 的内容。

表 1-3-5　离子色谱仪英汉对照表

序号	英文单词（组）	中文	序号	英文单词（组）	中文
1			5		
2			6		
3			7		
4			8		

① AES 指电解抑制器，SRS 指自再生抑制器。

续表

序号	英文单词（组）	中文	序号	英文单词（组）	中文
9			13		
10			14		
11			15		
12					

5. 确认氮气钢瓶的状态。某氮气钢瓶如图 1-3-3 所示，回答以下问题。

图 1-3-3 氮气钢瓶

（1）“1” 是________（主阀/减压阀），开的方向为__________，关的方向为__________。

（2）“2” 是________（主阀/减压阀），开的方向为__________，关的方向为__________。

（3）“3” 显示的是__________的压力，当前压力是__________MPa。

（4）“4” 显示的是__________的压力，当前压力是__________MPa。

（5）钢瓶压力低于________MPa 时，钢瓶不能使用，必须更换。

（6）钢瓶压力是________MPa，减压输出压力是________MPa，淋洗液瓶上压力应调节到________psi。1 MPa = ________psi = ________bar。

6. 如果使用 RFC30 淋洗液在线发生控制装置控制 AES/SRS 抑制器和淋洗液在线发生器（KOH/CH_4O_3S），请认真阅读信息页，了解 RFC30 淋洗液在线发生控制装置的操作要领。如果淋洗液是甲磺酸（0.02 mol/L），在 RFC30 淋洗液在线发生控制装置里选择抑制器类型为 CSRS_4MM，则 RFC30 淋洗液在线发生控制装置显示的抑制器的工作电流是________ mA。

7. 如果离子色谱分析使用 CSRS 阳离子抑制器，并用 RFC30 淋洗液在线发生控制装置给抑制器提供电流用于控制 AES/SRS 抑制器和淋洗液在线发生器，描述排气泡时，RFC30 淋洗液在线发生控制装置的工作状态。

8. 请标出图 1-3-4 六通进样阀的工作状态，写出六通进样阀上各英文字母的完整意义。

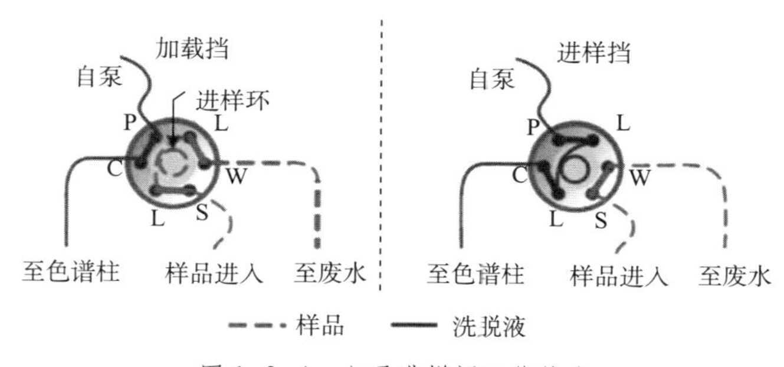

图 1-3-4　六通进样阀工作状态

（1）左图工作状态：________。右图工作状态：________。

（2）写出进样阀英文字母简写的含义。

L ________　W ________　S ________　C ________　P ________

9. 冲洗和平衡系统。若更换了系统，必须使用去离子水冲洗平衡系统，使管线系统 pH≈7，再更换淋洗液。怎样检验证明系统冲洗达到了平衡？

五、检测过程

1. 请认真阅读离子色谱仪操作规程，完成开机操作，并记录离子色谱仪的开机过程，注意观察并记录主要参数，判断仪器是否正常。

（1）简述开机步骤（各小组认真梳理开机步骤，并派代表进行展示和说明，指导教师进行点评优化，确定最终开机方案）。

（2）填写仪器运行参数，见表 1-3-6。

表 1-3-6　　　　仪器运行参数

小组名称		组员	
离子色谱仪器型号/编号			
淋洗液名称		淋洗液瓶氮气压力/MPa	
淋洗液瓶内淋洗液体积/mL		淋洗液浓度/(mmol/L)	
泵压/MPa		泵流量/(mL/min)	
电导检测器名称/型号		状态	□正常 □不正常
抑制器名称/型号		抑制器工作电流/mA	
淋洗液在线发生控制装置名称/型号		淋洗液在线发生控制装置工作状态（以 RFC30 为例）	□EGC □CR-TC □AES/SRS
色谱柱名称/型号		色谱柱柱压/MPa	
基线状态		平衡电导/μS	
仪器是否正常	□是		□否
组长签字/日期			

2. 检测过程。

(1) 绘制标准工作曲线。

将绘制 K^+标准工作曲线所用到的相关参数填于表 1-3-7 中。

表 1-3-7 K^+标准工作曲线相关参数

序号	标准工作曲线物质质量浓度/(mg/L)	峰面积	回归方程	线性相关系数 R
1				
2				
3				
4				
5				

将绘制 Na^+标准工作曲线所用到的相关参数填于表 1-3-8 中。

表 1-3-8 Na^+标准工作曲线相关参数

序号	标准工作曲线物质质量浓度/(mg/L)	峰面积	回归方程	线性相关系数 R
1				
2				
3				
4				
5				

将绘制 NH_4^+ 标准工作曲线所用到的相关参数填于表 1-3-9 中。

表 1-3-9 NH_4^+ 标准工作曲线相关参数

序号	标准工作曲线物质质量浓度/(mg/L)	峰面积	回归方程	线性相关系数 R
1				
2				
3				
4				
5				

将绘制 Mg^{2+}标准工作曲线所用到的相关参数填于表 1-3-10 中。

表 1-3-10　　Mg^{2+}标准工作曲线相关参数

序号	标准工作曲线物质质量浓度/(mg/L)	峰面积	回归方程	线性相关系数 R
1				
2				
3				
4				
5				

将绘制 Ca^{2+}标准工作曲线所用到的相关参数填于表 1-3-11 中。

表 1-3-11　　Ca^{2+}标准工作曲线相关参数

序号	标准工作曲线物质质量浓度/(mg/L)	峰面积	回归方程	线性相关系数 R
1				
2				
3				
4				
5				

（2）样品测定。

计算公式：

$$\rho = \rho_{查} \times n$$

式中 ρ——样品中待测离子质量浓度，mg/L；

$\rho_{查}$——由校准曲线上查得的样品中待测离子质量浓度，mg/L；

n——样品稀释倍数。

检测结果见表 1-3-12。

表 1-3-12　　检测结果

检测项目	$\rho_{1查}$/(mg/L)	$\rho_{2查}$/(mg/L)	$\rho_{3查}$/(mg/L)	平均值/(mg/L)	稀释倍数	检测结果/(mg/L)	相对标准偏差/%
Na^+							
K^+							
NH_4^+							
Ca^{2+}							
Mg^{2+}							

注：检测结果保留 3 位有效数字。

检测人：　　　　日期：　　　　　　　　　　　　校核人：　　　　日期：

（3）质量控制。

质控样加标真实值为________ mg/L，测定值为________ mg/L。

六、知识技能巩固

1. 淋洗液、标准储备溶液和混合标准使用溶液的配制过程有哪些安全注意事项？

2. 描述仪器的开机、关机步骤和各步骤的技术要领（要求展示、说明）。

3. 简述利用工作站建立程序文件、方法文件和样品表等的步骤（要求展示、说明）。

4. 有已知阳离子准确浓度的水溶液，其证书上的标准质量浓度见表1-3-13。

表1-3-13　　阳离子标准质量浓度

阳离子	质量浓度/(mg/L)
Na^+	10±0.34
NH_4^+	8.0±0.27
K^+	8.0±0.16
Mg^{2+}	10.0±0.40
Ca^{2+}	10.0±0.44

某小组用离子色谱法测定样品阳离子含量，进行方法验证。其测定结果见表 1-3-14。

表 1-3-14　　样品阳离子质量浓度测定结果

离子	质量浓度/(mg/L)	
Na^+	10. 13	10. 14
NH_4^+	7. 29	7. 28
K^+	10. 04	10. 08
Mg^{2+}	8. 11	8. 06
Ca^{2+}	20. 14	20. 11

（1）各离子含量测定结果是否合理?

（2）如果不合理，请经过小组讨论分析其可能的原因（列出不少于 3 条）。

5. 以分析水质样品中的 Ca^{2+} 含量为例，假设使用甲磺酸作为淋洗液。如果未使用抑制器，系统未注入样品时，试计算电导检测器的背景电导。使用阳离子抑制器（注：抑制器里面的膜为阴离子交换膜，只允许阴离子通过）后，请分析有哪些离子或物质进入电导检测器，试计算此时电导检测器的电导值。

七、现场整理

按 6S 管理要求整理现场，记录现场情况。

八、评价

评价建议见表 1-3-15。

表 1-3-15　　评价建议

项目（配分）	项目明细（配分）及要求		配分	评分细则	自评	小组评价	教师评价
职业素养（20）	学习纪律（5）	按时到岗，不早退	1	违反一次不得分			
		积极思考并回答问题	2	根据上课统计情况得 1~2 分			
		学习用品准备齐全	1	学习用品齐全得 1 分			
		服从安排	1	不符合要求扣 1 分			
	职业道德（6）	主动与他人合作	2	不主动扣 1 分			
		主动帮助同学	2	不主动扣 1 分			
		仪容仪态规范，举止文明	2	符合要求得 2 分，其余不得分			
	6S 管理（4）	桌面、地面整洁	2	符合要求得 2 分，其余不得分			
		物品定置管理	1	符合要求得 1 分，其余不得分			
		安全、环保	1	安全防护、废液处置合理得 1 分，其余不得分			
	职业能力（5）	科学规范，熟练高效，有工匠精神，协作沟通有效	5	符合要求得 5 分，其余情况酌情得 1~4 分			

续表

项目（配分）	项目明细（配分）及要求		配分	评分细则	自评	小组评价	教师评价
专业能力（80）	配制溶液、处理样品（20）	药品、试剂准备	5	完全符合要求得 5 分，其余情况酌情得 1~4 分			
		仪器设备准备	5	完全符合要求得 5 分，其余情况酌情得 1~4 分			
		称量与浓度计算	5	正确得 5 分，有错误不得分			
		配制溶液及保存、分装	5	正确得 5 分，其余情况酌情得 1~4 分			
	确认仪器状态（20）	确认仪器、钢瓶状态	5	全部正确得 5 分，不正确得 0 分			
		开机方法	5	正确开机得 5 分，不正确得 0 分			
		设置仪器工作参数	5	完全正确得 5 分，不正确得 0 分			
		关机方法	5	正确关机得 5 分，不正确得 0 分			
	实施检测（20）	工作站使用	10	正确使用工作站建立所需文件得 10 分，不正确得 0 分			
		进样	5	进样方法设置及进样完全正确得 5 分，不正确得 0 分			
		数据记录	5	及时、无误得 5 分，否则得 0 分			
	工作页（20）	按时提交	4	按时提交得 4 分，迟交不得分			
		书写整齐度	4	文字工整、字迹清楚得 4 分			
		内容完成程度	4	按完成程度分别得 1~4 分			

续表

<table>
<tr><th>项目（配分）</th><th colspan="2">项目明细（配分）及要求</th><th>配分</th><th>评分细则</th><th>自评</th><th>小组评价</th><th>教师评价</th></tr>
<tr><td rowspan="2">专业能力（80）</td><td rowspan="2">工作页（20）</td><td>回答准确率</td><td>4</td><td>视准确率情况分别得1~4分</td><td></td><td rowspan="2"></td><td rowspan="2"></td></tr>
<tr><td>见解独到性</td><td>4</td><td>视见解独到情况分别得1~4分</td><td></td></tr>
<tr><td colspan="5">总分</td><td></td><td></td><td></td></tr>
<tr><td colspan="5">综合得分（加权平均分，自评占20%，小组评价占30%，教师评价占50%）</td><td colspan="3"></td></tr>
<tr><td colspan="4">组长签字：</td><td colspan="4">教师签字：</td></tr>
<tr><td colspan="8">学生对本活动的总体评述（从职业素养、职业能力的提升方面进行评述，分析不足之处并提出改进措施）：</td></tr>
<tr><td colspan="8">教师指导意见：</td></tr>
</table>

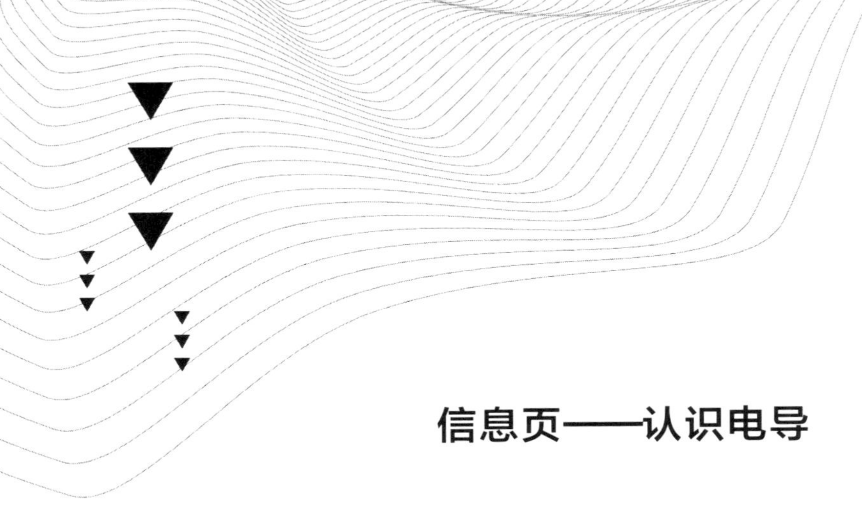

信息页——认识电导

一、电导

电导是描述导体导电能力的物理量，导体的导电能力越强，电导值越大。电导在数值上等于电阻的倒数，用 G 表示，单位是西门子，简称西，符号为 S。

将连接电源的两个电极插入电解质溶液中，即构成一个电导池。正负两种离子在电场作用下发生移动，并在电极上发生电化学反应而传递电子。因此，电解质溶液具有导电作用。溶液的导电能力称为溶液的电导。

二、当量电导

当量电导（equivalent conductance）是指在两个相距为 1 cm 的电极之间含有 $\frac{M}{n}$ g 溶质时，溶液所具有的电导。M 是溶液中离子的化学式量，n 是溶液中离子的价电子数即化合价。

溶液越稀，离子彼此间影响越小。无限稀释时，当量电导达到最大值。在无限稀释的情况下，电解质的当量电导最大值 Λ 等于正负离子当量电导之和。

$$\Lambda=\Lambda_{+}+\Lambda_{-}$$

三、常见离子在无限稀释情况下的当量电导

常见离子在无限稀释溶液的当量电导见表 1-3-16。

表 1-3-16　常见离子在无限稀释溶液的当量电导（25 ℃）

阳离子	当量电导 Λ/（μS·cm^{-1}）	阴离子	当量电导 Λ/（μS·cm^{-1}）
H^+	349.82	OH^-	198.60
Li^+	38.69	Cl^-	76.34
Na^+	50.11	Br^-	78.40
K^+	73.51	I^-	76.85
NH_4^+	73.40	NO_3^-	71.44

续表

阳离子	当量电导 Λ/(μS·cm⁻¹)	阴离子	当量电导 Λ/(μS·cm⁻¹)
Ag^{+}	61.92	ClO_4^-	67.30
Mg^{2+}	53.06	CH_3COO^-	40.90
Ca^{2+}	59.50	SO_4^{2-}	80.00
Ba^{2+}	63.64	CO_3^{2-}	69.30
Pb^{2+}	69.50	PO_4^{3-}	80.00
Fe^{3+}	68.00	$Fe(CN)_6^{4-}$	110.50
La^{3+}	69.60	MSA^-	48.80

分析阴离子时，若用 KOH 作为淋洗液，由于 KOH 浓度很低，溶液的当量电导约为 272.11 $\mu S\cdot cm^{-1}$。

四、抑制器的作用

抑制器在离子色谱分析中占有非常重要的地位。抑制器的使用，既可降低淋洗液带来的背景电导，又可以增强待测离子的检测灵敏度。

以分析水质样品中 Cl^- 的含量为例，假设使用 KOH 淋洗液在线发生器。KOH 淋洗液的当量电导约为 272.11 $\mu S\cdot cm^{-1}$。使用抑制器后，进入检测器的只有水，水是弱电解质，其电导可忽略不计，没有了 KOH，背景电导就降低了 272.11 $\mu S\cdot cm^{-1}$。

如果没有使用抑制器，待测样品的 Cl^- 可能会以 NaCl 的形式进入检测器，检测器检测到的电导是 126.45 $\mu S\cdot cm^{-1}$。使用抑制器后，进入检测器的只有待检测阴离子的酸溶液，样品中的 NaCl 经过抑制器抑制后，NaCl 变成 HCl 溶液，此时检测器检测到的电导值是 426.16 $\mu S\cdot cm^{-1}$，电导值增加了 299.71 $\mu S\cdot cm^{-1}$，检测的灵敏度显著提升。所以，使用抑制器是行业标准。图 1-3-5 为是否使用抑制器的离子色谱图比较。

现在，离子色谱分析所用的抑制器的控制装置往往与淋洗液在线发生器的控制器集成在一起，控制器同时具有淋洗液在线发生（EGC）、淋洗液杂质离子捕获净化（CR-TC）、淋洗液脱气（DEGAS）和抑制器电流控制（AES/SRS）等功能，使离子色谱分析法得到了广泛应用。

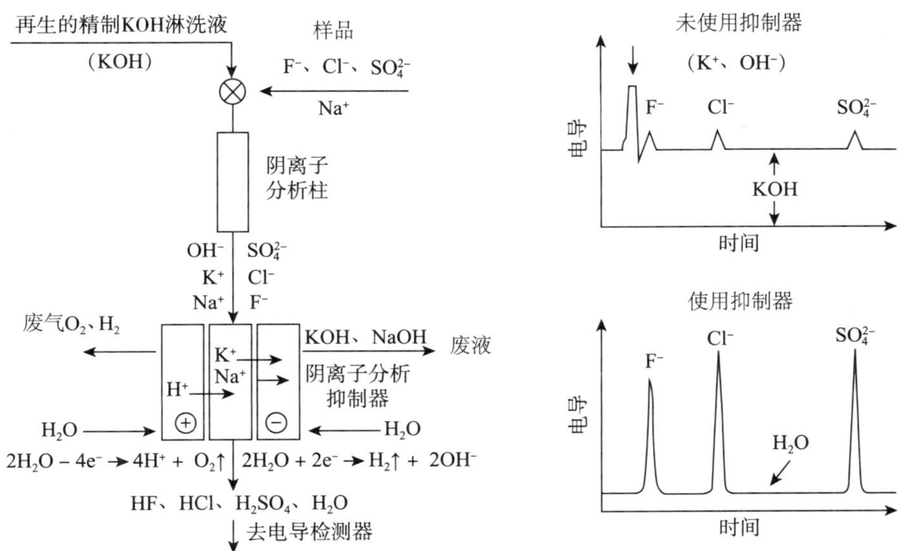

图 1-3-5 是否使用抑制器的离子色谱图比较

学习任务	水质样品无机阳离子 Na^+、K^+、NH_4^+、Ca^{2+}、Mg^{2+}指标测定	教学流程	验收交付
班　　级		姓　　名	

学习活动四　验收交付

建议学时：4 学时

学习要求： 能够对检测原始数据进行数据处理并规范完整地填写报告书，能对可疑数据进行分析，工学一体化要求及学时见表 1-4-1。

表 1-4-1　　　　工学一体化要求及学时

序号	工作步骤	要求	学时	备注
1	编制质量分析报告	能根据数据及标准判定结果的准确性，根据质控结果判断结果的可靠性，分析测定中存在的问题及操作要点	1.5	
2	编制水质样品中 Na^+、K^+、NH_4^+、Ca^{2+}、Mg^{2+}指标测定检测报告	依据检测结果，编制检测报告单，要求用仿宋字体填写，书写规范、整洁，无涂改	2	
3	评价	能对结果的真实性、样品质量给出合理评价	0.5	

一、编写数据评判表

1. 数据评判建议见表 1-4-2。

表 1-4-2　　　　数据评判建议

评判内容	要求	结果
平行双样精密度	≤10%	合格
质控范围（至少做 1 个加标回收率测定）	80%~120%	合格

续表

评判内容	要求	结果
空白实验	低于方法检出限	合格
线性相关系数	≥0.995	合格
检测结果有效位数（质量浓度小于 1 mg/L）	保留小数点后两位	合格
检测结果有效位数（质量浓度大于 1 mg/L）	保留小数点后三位	合格

2. 数据分析。

（1）写出离子质量浓度计算公式、精密度计算公式和质量控制计算公式。

（2）写出质量浓度、精密度和质量控制计算过程，并将计算结果填写在原始记录报告单上。

（3）请在图 1-4-1 中画出样品阳离子检测结果色谱图。

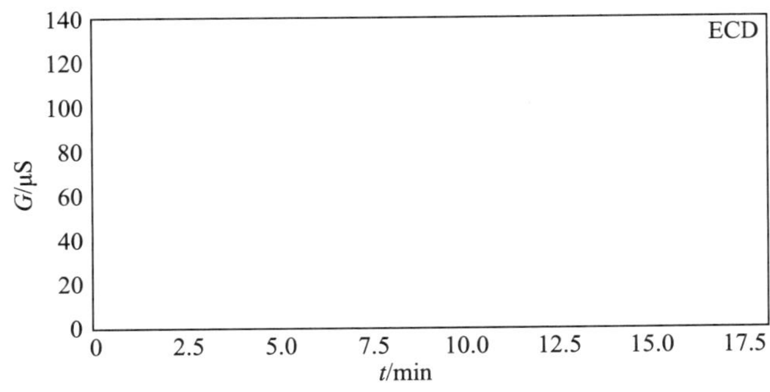

图 1-4-1 样品阳离子检测结果色谱图

（4）得出结论。请将检测结论填写在表 1-4-3 中。

表 1-4-3　　检测结论

离子	单标定性时间/min	精密度	判定结果（合格/不合格）	线性相关系数	判定结果（合格/不合格）	互平行测定值	判定结果（合格/不合格）	质控样测定值	质控样真实值	回收率/%	判定结果（合格/不合格）
Na^{+}											
K^{+}											
NH_4^{+}											
Ca^{2+}											
Mg^{2+}											

3. 写出测定中存在的问题和操作要点。

二、填写检测报告

检　测　报　告　书

检品名称______________

被检单位______________

检测单位______________

报告日期　　年　　月　　日

检测报告书首页　　　　　　　　　　　　　　　　　　　　________分析测试中心

字（20　　年）第　　号

共　　页，第　　页

检品名称______________________________________检测类别__委托（送样）__

被检单位______________________________检品编号________________________

生产厂家______________________________检测目的________生产日期________

检品数量______________________________包装情况________采样日期________

采样地点______________________________检品性状________送检日期________

检测项目____

____

检测结果及评价依据：

测定值__________________________　评价依据____________________________

结论及评价：

结论____________________________　评价______________________________

检测环境条件_________温度_________相对湿度_________气压_________

主要检测仪器设备：

名称__________________编号________________型号________________________

名称__________________编号________________型号________________________

名称__________________编号________________型号________________________

报告编制：　　　　　校对：　　　　　签发：

盖　章

年　　月　　日

项目名称　　　　　限值　　　　　测定值　　　　　判定

____

注：报告书包括封面、首页、正文（附页）、封底，并盖有计量认证章、检测章和骑缝章。

三、评价

评价建议见表 1-4-4。

表 1-4-4　　　　评价建议

项目（配分）	项目明细（配分）及要求		配分	评分细则	自评	小组评价	教师评价
职业素养（20）	学习纪律（5）	按时到岗，不早退	1	违反一次不得分			
		积极思考并回答问题	2	根据上课统计情况得 1～2 分			
		学习用品准备齐全	1	学习用品齐全得 1 分			
		服从安排	1	不符合要求扣 1 分			
	职业道德（6）	主动与他人合作	2	不主动扣 1 分			
		主动帮助同学	2	不主动扣 1 分			
		仪容仪态规范，举止文明	2	符合要求得 2 分，其余不得分			
	6S 管理（4）	桌面、地面整洁	2	符合要求得 2 分，其余不得分			
		物品定置管理	2	符合要求得 2 分，其余不得分			
	职业能力（5）	数据处理与计算	3	正确得 3 分，错误不得分			
		信息处理与资料使用	2	正确得 2 分，错误不得分			
		创新能力（加分项）	5	有创新，视情况加 1～5 分			
专业能力（80）	数据处理（10）	过程完整、规范、正确	10	计算过程完整、规范且结果正确得 10 分，其余情况酌情得 1～9 分			
	结论评判（10）	结论是否正确	10	结论正确得 10 分，结论评判错误不得分			
	精密度（10）	互平行情况	10	互平行≤5%得 10 分，≤10%且>5%得 5 分，>10%不得分			

续表

<table>
<tr><th>项目（配分）</th><th colspan="2">项目明细（配分）及要求</th><th>配分</th><th>评分细则</th><th>自评</th><th>小组评价</th><th>教师评价</th></tr>
<tr><td rowspan="10">专业能力（80）</td><td>线性相关系数（5）</td><td>线性相关性</td><td>5</td><td>≥0.999 9 得 5 分，≥0.995 且<0.999 9 得 3 分，<0.995 不得分</td><td></td><td></td><td rowspan="10"></td></tr>
<tr><td>质量控制（5）</td><td>质控范围</td><td>5</td><td>回收率在 80%~120%得 5 分，否则不得分</td><td></td><td></td></tr>
<tr><td rowspan="2">报告填写（20）</td><td>填写完整规范性</td><td>10</td><td>完整规范、无涂改得 10 分，涂改一项扣 2 分</td><td></td><td rowspan="2"></td></tr>
<tr><td>无差错</td><td>10</td><td>填写无差错得 10 分，有差错不得分</td><td></td></tr>
<tr><td rowspan="5">工作页（20）</td><td>按时提交</td><td>4</td><td>按时提交得 4 分，迟交不得分</td><td></td><td rowspan="5"></td></tr>
<tr><td>书写整齐度</td><td>4</td><td>文字工整、字迹清楚得 4 分</td><td></td></tr>
<tr><td>内容完成程度</td><td>4</td><td>按完成程度分别得 1~4 分</td><td></td></tr>
<tr><td>回答准确率</td><td>4</td><td>视准确率情况分别得 1~4 分</td><td></td></tr>
<tr><td>见解独到性</td><td>4</td><td>视见解独到情况分别得 1~4 分</td><td></td></tr>
<tr><td colspan="5">总分</td><td></td><td></td><td></td></tr>
<tr><td colspan="5">综合得分（加权平均分，自评占 20%，小组评价占 30%，教师评价占 50%）</td><td colspan="3"></td></tr>
<tr><td colspan="4">组长签字：</td><td colspan="4">教师签字：</td></tr>
<tr><td colspan="8">学生对本活动的总体评述（从职业素养、职业能力的提升方面进行评述，分析不足之处并提出改进措施）：</td></tr>
<tr><td colspan="8">教师指导意见：</td></tr>
</table>

学习任务	水质样品无机阳离子 Na^+、K^+、NH_4^+、Ca^{2+}、Mg^{2+}指标测定	教学流程	总结拓展
班　　级		姓　　名	

学习活动五　总结拓展

建议学时：8 学时

学习要求：通过本次活动总结本项目的作业规范和核心技术，并通过同类项目的拓展训练强化所获得的理论知识、专业技能和综合职业素养。工学一体化要求及学时见表 1-5-1。

表 1-5-1　　　　　　　　工学一体化要求及学时

序号	工作步骤	要求	学时	备注
1	撰写项目总结	要求提炼出来的收获、经验有价值，能如实表述分析检测过程中遇到的问题及解决办法	0.5	
2	编制水质样品中 Li^+、Na^+、K^+、NH_4^+、Ca^{2+}、Mg^{2+}指标检测方案	根据检测标准要求编制检测方案，要求条理清晰，具有可操作性	1	
3	水质样品中 Li^+、Na^+、K^+、NH_4^+、Ca^{2+}、Mg^{2+}指标测定	能根据检测方案对给出的样品实施检测，并给出检测报告。检测过程科学、规范，符合 6S 管理要求	6	
4	评价	能对结果的真实性做出合理评价，对检测过程做出客观评价	0.5	

一、项目总结

1. 语言精练，无错别字。
2. 编写内容主要包括学习内容、体会、学习中的优缺点及改进措施。

3. 字数 300 字左右。

二、项目拓展

拓展项目名称：____

1. 任务情景描述。

2. 分析检测原理。

3. 仪器、试剂准备。

（1）编制药品、试剂清单，列出所需药品、试剂，完成表 1-5-2 描述的内容。

表 1-5-2 药品、试剂清单

序号	药品、试剂名称	规格	所需数量	负责人
1				
2				
3				
4				
5				
6				
7				
8				
9				
10				

（2）编制仪器设备清单，列出所需仪器设备，完成表 1-5-3 描述的内容。

表 1-5-3 仪器设备清单

序号	仪器设备名称	规格	数量	型号	用途	负责人
1						
2						
3						
4						
5						
6						
7						
8						
9						
10						

（3）编制溶液配制清单，完成表 1-5-4 描述的内容。

表 1-5-4 溶液配制清单

序号	溶液名称	制备方法	负责人	数量	浓度	分装瓶数
1						
2						

续表

序号	溶液名称	制备方法	负责人	数量	浓度	分装瓶数
3						
4						
5						
6						
7						
8						
9						
10						

4. 工作过程。

认真阅读作业指导书，梳理该项目的检测方法，编写工作流程，完成表 1-5-5 描述的内容。

表 1-5-5　工作流程

序号	工作流程	主要工作内容	工作要求	完成时间
1				
2				
3				
4				
5				
6				
7				
8				
9				
10				

5. 检测结果与结论。

6. 安全、健康与环保。

填写检测过程中的安全注意事项及防护措施。

三、作业指导书

拓展作业指导书见表 1-5-6。

表 1-5-6 拓展作业指导书

<table>
<tr><td colspan="6">主题</td><td>文件编号：</td></tr>
<tr><td colspan="6">地下水中 Li^+、Na^+、NH_4^+、K^+、Ca^{2+}、Mg^{2+}指标测定</td><td>共 页 第 页</td></tr>
<tr><td colspan="7">1. 检测依据及评价标准

2. 检测原理

3. 技术参数</td></tr>
<tr><td>离子</td><td>相对标准偏差</td><td>相对误差</td><td>离子</td><td>相对标准偏差</td><td colspan="2">相对误差</td></tr>
<tr><td>Li^+</td><td></td><td></td><td>K^+</td><td></td><td colspan="2"></td></tr>
<tr><td>Na^+</td><td></td><td></td><td>Ca^{2+}</td><td></td><td colspan="2"></td></tr>
<tr><td>NH_4^+</td><td></td><td></td><td>Mg^{2+}</td><td></td><td colspan="2"></td></tr>
<tr><td colspan="7">加标回收率：
检出限：进样量为 50 μL，最低检测质量浓度分别为 Li^+________ mg/L、Na^+________ mg/L、NH_4^+ ________ mg/L、K^+________ mg/L、Ca^{2+}________ mg/L、Mg^{2+}________ mg/L。
线性范围：Li^+________ mg/L、Na^+________ mg/L、NH_4^+ ________ mg/L、K^+________ mg/L、Ca^{2+}________ mg/L、Mg^{2+}________ mg/L。
4. 药品与试剂
实验用水都为去离子水（18.2 MΩ·cm）。在上机检测时，所有溶液经过 0.45 μm 的微孔滤膜过滤。</td></tr>
</table>

续表

(1) Li^+标准储备溶液（以 Li^+计）：________ μg/mL（在失效日期以内使用）。

(2) Na^+标准储备溶液（以 Na^+计）：________ μg/mL（在失效日期以内使用）。

(3) NH_4^+ 标准储备溶液（以 NH_4^+ 计）：________ μg/mL（在失效日期以内使用）。

(4) K^+标准储备溶液（以 K^+计）：________ μg/mL（在失效日期以内使用）。

(5) Ca^{2+}标准储备溶液（以 Ca^{2+}计）：________ μg/mL（在失效日期以内使用）。

(6) Mg^{2+}标准储备溶液（以 Mg^{2+}计）：________ μg/mL（在失效日期以内使用）。

(7) 混合标准使用溶液：Li^+ ________ μg/mL，Na^+ ________ μg/mL，NH_4^+ ________ μg/mL，K^+ ________ μg/mL，Ca^{2+} ________ μg/mL，Mg^{2+} ________ μg/mL。

(8) 淋洗液为________，浓度为________ mmol/L。

5. 实验器材

(1)

(2)

(3)

(4)

(5)

(6)

(7)

6. 仪器条件

(1) 氮气钢瓶压力： 减压输出压力： 淋洗液瓶氮气压力：

(2) 泵流量： 泵压：

(3) 分离柱型号： 温度：

(4) 进样体积：

7. 操作步骤

(1)

(2)

(3)

(4)

(5)

(6)

(7)

(8)

(9)

8. 计算公式

续表

9. 数据记录与处理 计算过程： 计算结果与结论： 10. 6S 管理及实验中意外事件的应急处理					
编写		审核		批准	

四、评价

评价建议见表 1-5-7。

表 1-5-7　　　　评价建议

项目（配分）	项目明细（配分）及要求		配分	评分细则	自评	小组评价	教师评价
专业能力（60）	资讯（10）	搜集并整理信息	5	信息全面得 5 分，否则扣 1~4 分			
专业能力（60）	资讯（10）	全面、完整回答引导问题	5	全面、完整得 5 分，否则扣 1~4 分			
专业能力（60）	计划与决策（10）	熟悉检测标准，知识储备充分	2	符合要求得 2 分，否则扣 1~2 分			
专业能力（60）	计划与决策（10）	编制药品、试剂清单	2	清单完整得 2 分，否则扣 1~2 分			
专业能力（60）	计划与决策（10）	编制仪器设备清单	2	清单完整得 2 分，否则扣 1~2 分			
专业能力（60）	计划与决策（10）	编制溶液配制清单	2	清单完整得 2 分，否则扣 1~2 分			
专业能力（60）	计划与决策（10）	科学、合理制定检测方案	2	科学、合理得 2 分，否则扣 1~2 分			
专业能力（60）	实施（20）	规范使用玻璃仪器	5	规范得 5 分，否则扣 1~4 分			
专业能力（60）	实施（20）	规范配制溶液和处理样品	5	规范得 5 分，否则扣 1~4 分			
专业能力（60）	实施（20）	规范操作离子色谱仪等设备	5	规范得 5 分，否则扣 1~4 分			
专业能力（60）	实施（20）	熟练使用工作站	5	符合要求得 5 分，否则扣 1~4 分			
专业能力（60）	过程控制（10）	台面整理	2	台面整洁、无水渍得 2 分，否则扣 1~2 分			
专业能力（60）	过程控制（10）	有效沟通并解决问题	2	及时与他人有效沟通并解决技术难题得 2 分，否则扣 1~2 分			

续表

项目（配分）	项目明细（配分）及要求		配分	评分细则	自评	小组评价	教师评价
专业能力（60）	过程控制（10）	安全与健康	2	关注自身和他人安全与健康得 2 分，否则扣 1～2 分			
		节约	2	注重节约得 2 分，否则扣 1～2 分			
		环保	2	关注环境保护，及时处理废液、废渣得 2 分，否则扣 1～2 分			
	评价反馈（10）	数据记录	2	记录数据及时、无涂改得 2 分，否则扣 1～2 分			
		数据处理与计算	2	处理检测数据、计算检测结果正确得 2 分，否则扣 1～2 分			
		误差是否正确	2	计算相对误差或相对标准偏差正确得 2 分，否则扣 1～2 分			
		结论是否正确	2	检测结论正确得 2 分，否则扣 1～2 分			
		与小组或主管客户沟通情况	2	及时与小组或主管客户沟通得 2 分，否则扣 1～2 分			
社会能力（20）	团结协作（10）	与小组成员合作情况	5	与小组成员合作良好、沟通交流及时得 5 分，否则扣 1～4 分			
		参与程度	5	主动参与，对小组贡献明显得 5 分，否则扣 1～4 分			
	敬业精神（10）	遵纪、守信情况	5	遵守纪律、诚实守信得 5 分，否则扣 1～4 分			
		爱岗敬业情况	5	爱岗敬业、吃苦耐劳、科学规范得 5 分，否则扣 1～4 分			

续表

<table>
<tr><th>项目（配分）</th><th colspan="2">项目明细（配分）及要求</th><th>配分</th><th>评分细则</th><th>自评</th><th>小组评价</th><th>教师评价</th></tr>
<tr><td rowspan="2">方法能力（20）</td><td>计划能力（10）</td><td>计划科学、合理</td><td>10</td><td>符合要求得 10 分，否则扣 1~9 分</td><td></td><td></td><td rowspan="2"></td></tr>
<tr><td>决策能力（10）</td><td>决策正确、合理</td><td>10</td><td>果断，分工合理，同学们服从安排得 10 分，否则扣 1~9 分</td><td></td><td></td></tr>
<tr><td colspan="5">总分</td><td></td><td></td><td></td></tr>
<tr><td colspan="5">综合得分（加权平均分，自评占 20%，小组评价占 30%，教师评价占 50%）</td><td colspan="3"></td></tr>
<tr><td colspan="4">组长签字：</td><td colspan="4">教师签字：</td></tr>
<tr><td colspan="8">学生对本活动的总体评述（从职业素养、职业能力的提升方面进行评述，分析不足之处并提出改进措施）：</td></tr>
<tr><td colspan="8">教师指导意见：</td></tr>
</table>

学习任务二

水质样品无机阴离子 F^-、Cl^-、NO_3^-、NO_2^-、SO_4^{2-}、PO_4^{3-} 指标测定

任务情景描述

第三方分析检测公司受某自来水公司委托，对该公司自来水生产企业的水源——地下水中的 F^-、Cl^-、NO_3^-、NO_2^-、SO_4^{2-} 和 PO_4^{3-} 6 种离子含量进行检测，以确定其水处理工艺，确保其生产的自来水符合国家标准。第三方分析检测公司技术组把该任务交给我院分析检测中心高级化学检验员，要求 3 天内出具检测报告。

检验员接到任务单和待检样品后，在检测前，制定检测工作流程，准备药品试剂、玻璃仪器及离子色谱仪等仪器设备，用离子色谱法对地下水中的 F^-、Cl^-、NO_3^-、NO_2^-、SO_4^{2-} 和 PO_4^{3-} 6 种离子含量进行检测。检验员将确认的原始记录单依次交给技术人员和授权负责人复核、签字，并将复核后的原始记录报送报告室，作为生成检测报告的依据。

承担该项任务的检测员，根据指导教师（或实验室辅导教师）派发任务的要求，依据《水质　无机阴离子（F^-、Cl^-、NO_2^-、Br^-、NO_3^-、PO_4^{3-}、SO_3^{2-}、SO_4^{2-}）的测定　离子色谱法》（HJ 84—2016）的规定制定检测方案，准备仪器设备和试剂，实施检测；与指导教师（或实验室辅导教师）沟通，复核检测结果，提交原始记录，出具检测报告；按照实验室 6S 管理规范清洁、整理实验室，保养仪器设备并填写记录。

学习活动及学时分配

活动序号	学习活动	学时	备注
1	接受任务	4	共 44 学时
2	制定方案	6	
3	实施检测	18	
4	验收交付	4	
5	总结拓展	12	

知识、技能与素养

知识	技能	素养
1. 样品检测委托单内容 2. 检测标准《水质　无机阴离子（F^-、Cl^-、NO_2^-、Br^-、NO_3^-、PO_4^{3-}、SO_3^{2-}、SO_4^{2-}）的测定　离子色谱法》（HJ 84—2016） 3. 标准溶液的配制方法 4. 离子色谱定性分析方法	1. 能正确解读检测标准，制定检测方案 2. 能正确进行样品前处理 3. 能正确选择和配制淋洗液、标准储备溶液和标准使用溶液等 4. 能正确选择并安装色谱柱、电导检测器和抑制器 5. 能正确梳理淋洗液流动方向	1. 安全意识 2. 环保意识 3. 劳动意识 4. 工匠精神 5. 科学素养 6. 诚实守信 7. 持之以恒

续表

知识	技能	素养
5. 离子色谱定量分析方法 6. 样品的采集和保存 7. 样品的前处理 8. 洗脱液的配制 9. 抑制液的配制 10. 离子色谱仪的上机操作 11. 数据的计算与处理	6. 能正确使用离子色谱仪和工作站完成样品分析 7. 实验过程符合6S管理及健康与环境保护要求	8. 交流沟通 9. 团队精神

学习任务	水质样品无机阴离子 F^-、Cl^-、NO_3^-、NO_2^-、SO_4^{2-}、PO_4^{3-} 指标测定	教学流程	接受任务
班　级		姓　名	

学习活动一　接受任务

建议学时：4 学时

学习要求： 通过该活动，明确样品检测委托单中的任务及要求，学习地下水中 F^-、Cl^-、NO_3^-、NO_2^-、SO_4^{2-}、PO_4^{3-} 6 种离子含量检测的方法，并编写检测任务分析报告。工学一体化要求及学时见表 2-1-1。

表 2-1-1　　　　工学一体化要求及学时

序号	工作步骤	要求	学时	备注
1	识读任务书	能提取关键词，快速明确任务要求，并清晰表达，能够读懂任务书各项内容	0.5	
2	精读《水质　无机阴离子（F^-、Cl^-、NO_2^-、Br^-、NO_3^-、PO_4^{3-}、SO_3^{2-}、SO_4^{2-}）的测定　离子色谱法》（HJ 84—2016）及信息页	能从《水质　无机阴离子（F^-、Cl^-、NO_2^-、Br^-、NO_3^-、PO_4^{3-}、SO_3^{2-}、SO_4^{2-}）的测定　离子色谱法》（HJ 84—2016）及信息页中提取所有必要信息，对水质样品中的 F^-、Cl^-、NO_2^-、NO_3^-、PO_4^{3-}、SO_4^{2-} 的测定有较全面的认识	2	
3	确定检测方法	能够选择完成任务所需要的方法，并进行时间和工作场所安排，掌握相关理论知识，列出所需试剂和仪器设备		
4	编写检测任务分析报告	逻辑科学合理，思路清晰，语言描述流畅	1	
5	评价	实事求是	0.5	

一、了解样品信息

接收样品并对样品进行简单性状描述，请把下面符合样品性状描述的词汇画上下画线。

透明、不透明、有色、无色、罐装、袋装、散装、液体、固体、气体、有臭味、无臭味。

二、填写样品检测委托单

认真阅读样品检测委托单，填写样品检测委托单位、委托人、委托样品数量、装样容器、样品质量或体积、样品性状、检测项目、样品存放条件、样品存放时间、样品处置方式和报告出具时间等信息。

样品检测委托单见表 2-1-2。

表 2-1-2　　样品检测委托单

<table>
<tr><td colspan="6">样品情况</td></tr>
<tr><td>样品名称</td><td colspan="5"></td></tr>
<tr><td>样品形态</td><td colspan="5">□水样　□泥样　□固体样品　□气体样品</td></tr>
<tr><td>样品数量/个</td><td></td><td>装样容器</td><td></td><td>样品质量或体积</td><td></td></tr>
<tr><td>顾客对样品的描述</td><td colspan="5"></td></tr>
<tr><td>样品性状</td><td colspan="5">□浊　□较浊　□较清洁　□清洁　□黑色
□灰色　□其他颜色</td></tr>
<tr><td colspan="6">顾客委托分析检测事项情况记录</td></tr>
<tr><td>检测项目或参数</td><td colspan="5">□F^-　□Cl^-　□NO_3^-　□NO_2^-　□SO_4^{2-}　□PO_4^{3-}</td></tr>
<tr><td>检测主要参照标准</td><td colspan="5"></td></tr>
<tr><td>检测类别</td><td colspan="5">□咨询性检测　□生产运营性检测　□仲裁性检测　□诉讼性检测</td></tr>
<tr><td>期望完成时间</td><td colspan="5">□普通（15 天之内）　□加急（7 天之内）　□特急
年　月　日　　年　月　日　　年　月　日</td></tr>
<tr><td colspan="6">顾客对其样品及报告的处置意见</td></tr>
<tr><td>样品存放及使用后的处置方式</td><td colspan="5">□室温/避光/冷藏（4 ℃）
□检测前可在室温下保存 7 天
□客户回收
□按废弃物立即处理
□按副样保存期限保存　□3 个月　□6 个月　□12 个月　□24 个月</td></tr>
</table>

续表

检测报告载体形式	□纸质 □电子文档	检测报告送达方式	□自取 □普通邮寄 □传真 □电子邮件
顾客名称（甲方）		单位名称（乙方）	
地址		地址	
邮政编码		邮政编码	
电话		电话	
传真		传真	
电子邮件		电子邮件	
甲方委托人（签名）		乙方受理人（签名）	
委托日期	年 月 日	受理日期	年 月 日

注：本委托书一式三份，甲方执一份，乙方执两份。甲方委托人和乙方受理人签字后协议生效。

三、编写检测任务分析报告

根据样品检测委托单等信息，编写检测任务分析报告，见表 2-1-3。

表 2-1-3 检测任务分析报告

序号	项目	名称	备注
1	样品检测委托单位		
2	委托人		
3	委托样品		
4	检验参照标准		
5	检测项目		
6	样品存放条件		
7	样品处置方式		
8	样品存放时间		
9	出具报告时间		
10	出具报告形式		

四、阅读检测标准

阅读检测标准，明确检测方法。

1. 本次检测任务主要参照的检测标准是______________________________
______________________________。除此以外，还有哪些检测标准，请通过信息检索举例说明。

2. 简述本次检测任务所依据的检测标准中呈现的检测原理。

3. 简述本次检测任务所依据的检测标准中呈现的干扰和消除方法。

4. 根据检测标准中方法检出限、测定下限及水质样品保存条件和要求，完善表 2-1-4。

表 2-1-4　　样品保存及检测要求

阴离子	盛放容器的材质	保存时间/天	方法检出限/(mg/L)	测定下限/(mg/L)
F^-				
Cl^-				
NO_3^-				

续表

阴离子	盛放容器的材质	保存时间/天	方法检出限/(mg/L)	测定下限/(mg/L)
NO_2^-				
SO_4^{2-}				
PO_4^{3-}				

5. 请将下列标准溶液的配制按正确顺序排序。

①标准工作曲线溶液　②标准使用溶液　③混合标准使用溶液　④标准储备溶液

排序结果：________________。

6. 检索抽滤或过滤装置所使用的微孔滤膜信息，完善表 2-1-5。

表 2-1-5　微孔滤膜信息

微孔滤膜类别	微孔滤膜主要材质	适用范围	微孔孔径/μm
水相微孔滤膜			□0. 45 □0. 22
有机相微孔滤膜			□0. 45 □0. 22

7. 简述检测标准中推荐的阴离子色谱柱的基质和功能团的主要组分，写出基质的单体和功能团的分子式。

8. 检测标准中推荐了哪些淋洗液，浓度分别是多少，分别是怎样配制的?

9. 请描述检测标准中结果计算公式 $\rho=\frac{h-h_0-a}{b}\times f$ 中每个参数的含义。

10. 对某样品溶液进行阴离子分析，Cl^-检测实验数据见表 2-1-6。

表 2-1-6　Cl^-检测实验数据

样品	Cl^-质量浓度/(mg/L)	峰面积
标样	10	0.376 6
	20	0.702 4
	30	1.056 4
未知样品		0.838 3

请用电子表格（Excel）绘制标准工作曲线，写出线性相关系数 R 和线性回归方程的表达式。空白实验中 Cl^-的峰面积为零，未知样品稀释倍数为 1，试计算未知样品中 Cl^-的质量浓度（mg/L）。

11. 根据信息页和《生活饮用水卫生标准》（GB 5749—2022）的规定，完善表 2-1-7。

表 2-1-7　　　　生活饮用水常见阴离子卫生指标

序号	离子	最高允许质量浓度/(mg/L)
1	F^-	
2	Cl^-	
3	NO_3^-	
4	NO_2^-	
5	SO_4^{2-}	
6	PO_4^{3-}	

五、评价

评价建议见表 2-1-8。

表 2-1-8　　　　评价建议

项目（配分）	项目明细（配分）及要求		配分	评分细则	自评	小组评价	教师评价
职业素养（20）	学习纪律（5）	按时到岗，不早退	1	违反一次不得分			
		积极思考并回答问题	2	根据上课统计情况得 1~2 分			
		学习用品准备齐全	1	学习用品齐全得 1 分			
		服从安排	1	不符合要求扣 1 分			
	职业道德（6）	主动与他人合作	2	不主动扣 1 分			
		主动帮助同学	2	不主动扣 1 分			
		仪容仪态规范，举止文明	2	符合要求得 2 分，其余不得分			
	6S 管理（4）	桌面、地面整洁	2	符合要求得 2 分，其余不得分			
		物品定置管理	2	符合要求得 2 分，其余不得分			
	职业能力（5）	阅读与整理信息	5	能快速阅读、准确理解信息并能清晰表达得 5 分，其余情况酌情得 1~4 分			

续表

项目（配分）	项目明细（配分）及要求		配分	评分细则	自评	小组评价	教师评价
专业能力（80）	识读任务书（20）	理解任务书各项内容	5	完全理解得5分，部分理解得1~4分，不清楚不得分			
		规范填写任务书内容	5	规范得5分，其余情况酌情给1~4分			
		选用检测标准合理	5	合理得5分，不合理不得分			
		编写检测任务分析报告合理	5	内容全面、无错误得5分，其余情况酌情得1~4分			
	识读检测标准（40）	读懂检测标准的适用范围	5	全部理解并能完整叙述得5分，其余情况酌情得1~4分			
		掌握并能描述分析方法的原理、样品处理方法、干扰与消除方法、溶液配制方法和数据处理方法	15	文字、语言表述清晰、流畅且无缺项得15分，其余情况酌情得1~14分，字迹潦草无法阅读不得分			
		描述要准备的仪器设备	5	描述清晰、流畅、完整得5分，其余情况酌情得1~3分			
		描述分析检测步骤和废弃物处理的环境保护要求	15	文字、语言表述清晰、流畅得15分，其余情况酌情得1~10分，字迹潦草无法阅读不得分			
	工作页（20）	按时提交	4	按时提交得4分，迟交不得分			
		书写整齐度	4	文字工整、字迹清楚得4分			
		内容完成程度	4	按完成程度分别得1~4分			

续表

<table>
<tr><th>项目（配分）</th><th colspan="2">项目明细（配分）及要求</th><th>配分</th><th>评分细则</th><th>自评</th><th>小组评价</th><th>教师评价</th></tr>
<tr><td rowspan="2">专业能力（80）</td><td rowspan="2">工作页（20）</td><td>回答准确率</td><td>4</td><td>视准确率情况分别得 1~4 分</td><td></td><td rowspan="2"></td><td rowspan="2"></td></tr>
<tr><td>见解独到性</td><td>4</td><td>视见解独到情况分别得 1~4 分</td><td></td></tr>
<tr><td colspan="5">总分</td><td></td><td></td><td></td></tr>
<tr><td colspan="5">综合得分（加权平均分，自评占 20%，小组评价占 30%，教师评价占 50%）</td><td colspan="3"></td></tr>
<tr><td colspan="4">组长签字：</td><td colspan="4">教师签字：</td></tr>
<tr><td colspan="8">学生对本活动的总体评述（从职业素养、职业能力的提升方面进行评述，分析不足并提出改进措施）：</td></tr>
<tr><td colspan="8">教师指导意见：</td></tr>
</table>

信息页——部分参考指标及要求

根据《生活饮用水卫生标准》（GB 5749—2022），当生活饮用水中含有表 2-1-9 至表 2-1-11 中所列指标时，可参考表中相应的要求进行评价。

表 2-1-9　　生活饮用水水质常规指标及限值

指标	限值
1. 微生物指标[①]	
总大肠菌群/(MPN/dL 或 CFU/dL)	不应检出
大肠埃希氏菌/(MPN/dL 或 CFU/100 mL)	不应检出
菌落总数/(MPN/mL 或 CFU/mL)	100
2. 毒理指标	
砷/(mg/L)	0.01
镉/(mg/L)	0.005
铬（六价）/(mg/L)	0.05
铅/(mg/L)	0.01
汞/(mg/L)	0.001
氰化物/(mg/L)	0.05
氟化物/(mg/L)	1.0
硝酸盐（以 N 计）/(mg/L)	10
三氯甲烷/(mg/L)	0.06
一氯二溴甲烷/(mg/L)	0.1
二氯一溴甲烷/(mg/L)	0.06
三溴甲烷/(mg/L)	0.1
三卤甲烷（三氯甲烷、一氯二溴甲烷、二氯一溴甲烷、三溴甲烷的总和）	该类化合物中各种化合物的实测浓度与其各自限值的比值之和不超过 1
二氯乙酸/(mg/L)	0.05

续表

指标	限值
三氯乙酸/(mg/L)	0.1
溴酸盐/(mg/L)	0.01
亚氯酸盐/(mg/L)	0.7
氯酸盐/(mg/L)	0.7
3. 感官性状和一般化学指标	
色度（铂钴色度单位）/度	15
浑浊度（散射浊度单位）/NTU	1
臭和味	无异臭、异味
肉眼可见物	无
pH	不小于 6.5 且不大于 8.5
铝/(mg/L)	0.2
铁/(mg/L)	0.3
锰/(mg/L)	0.1
铜/(mg/L)	1.0
锌/(mg/L)	1.0
氯化物/(mg/L)	250
硫酸盐/(mg/L)	250
溶解性总固体/(mg/L)	1 000
总硬度（以 $CaCO_3$ 计）/(mg/L)	450
高锰酸盐指数（以 O_2 计）/(mg/L)	3
氨（以 N 计）/(mg/L)	0.5
4. 放射性指标②	
总 α 放射性/(Bq/L)	0.5（指导值）
总 β 放射性/(Bq/L)	1（指导值）

注：① MPN 表示最可能数，CFU 表示菌落形成单位。当水样检出总大肠菌群时，应进一步检验大肠埃希氏菌；当水样未检出总大肠菌群时，不必检验大肠埃希氏菌。

② 放射性指标超过指导值（总 β 放射性扣除 ^{40}K 后仍然大于 1 Bq/L），应进行核素分析和评价，判定能否饮用。

表 2-1-10　　生活饮用水消毒剂常规指标及要求

指标	与水接触时间/min	出厂水和末梢水限值/(mg/L)	出厂水余量/(mg/L)	末梢水余量/(mg/L)
游离氯	≥30	≤2	≥0.3	≥0.05
总氯	≥120	≤3	≥0.5	≥0.05
臭氧	≥12	≤0.3	—	≥0.02 （如采用其他协同消毒方式，消毒剂限值及余量应满足相应要求）
二氧化氯	≥30	≤0.8	≥0.1	≥0.02

表 2-1-11　　生活饮用水水质扩展指标及限值

指标	限值
1. 微生物指标	
贾第鞭毛虫/(个/10 L)	<1
隐孢子虫/(个/10 L)	<1
2. 毒理指标	
锑/(mg/L)	0.005
钡/(mg/L)	0.7
铍/(mg/L)	0.002
硼/(mg/L)	1.0
钼/(mg/L)	0.07
镍/(mg/L)	0.02
银/(mg/L)	0.05
铊/(mg/L)	0.000 1
硒/(mg/L)	0.01
高氯酸盐/(mg/L)	0.07
二氯甲烷/(mg/L)	0.02
1，2-二氯乙烷/(mg/L)	0.03
四氯化碳/(mg/L)	0.002
氯乙烯/(mg/L)	0.001
1，1-二氯乙烯/(mg/L)	0.03
1，2-二氯乙烯（总量）/(mg/L)	0.05

续表

指标	限值
三氯乙烯/(mg/L)	0.02
四氯乙烯/(mg/L)	0.04
六氯丁二烯/(mg/L)	0.000 6
苯/(mg/L)	0.01
甲苯/(mg/L)	0.7
二甲苯（总量)/(mg/L)	0.5
苯乙烯/(mg/L)	0.02
氯苯/(mg/L)	0.3
1，4-二氯苯/(mg/L)	0.3
三氯苯（总量)/(mg/L)	0.02
六氯苯/(mg/L)	0.001
七氯/(mg/L)	0.000 4
马拉硫磷/(mg/L)	0.25
乐果/(mg/L)	0.006
灭草松/(mg/L)	0.3
百菌清/(mg/L)	0.01
呋喃丹/(mg/L)	0.007
毒死蜱/(mg/L)	0.03
草甘膦/(mg/L)	0.7
敌敌畏/(mg/L)	0.001
莠去津/(mg/L)	0.002
溴氰菊酯/(mg/L)	0.02
2，4-滴/(mg/L)	0.03
乙草胺/(mg/L)	0.02
五氯酚/(mg/L)	0.009
2，4，6-三氯酚/(mg/L)	0.2
苯并（a）芘/(mg/L)	0.000 01
邻苯二甲酸二（2-乙基己基）酯/(mg/L)	0.008
丙烯酰胺/(mg/L)	0.000 5
环氧氯丙烷/(mg/L)	0.000 4

续表

指标	限值
微囊藻毒素-LR（藻类暴发情况发生时）/(mg/L)	0.001
3. 感官性状和一般化学指标	
钠/(mg/L)	200
挥发酚类（以苯酚计）/(mg/L)	0.002
阴离子合成洗涤剂/(mg/L)	0.3
2-甲基异莰醇/(mg/L)	0.000 01
土臭素/(mg/L)	0.000 01

注：当发生影响水质的突发公共事件时，经风险评估，感官性状和一般化学指标可暂时适当放宽。

学习任务	水质样品无机阴离子 F^-、Cl^-、NO_3^-、NO_2^-、SO_4^{2-}、PO_4^{3-} 指标测定	教学流程	制定方案
班　　级		姓　　名	

学习活动二　制定方案

建议学时：6 学时

学习要求： 掌握离子色谱分析必备知识。通过认真阅读《水质　无机阴离子（F^-、Cl^-、NO_2^-、Br^-、NO_3^-、PO_4^{3-}、SO_3^{2-}、SO_4^{2-}）的测定　离子色谱法》（HJ 84—2016）和信息页，编制工作流程，编制试剂、仪器设备清单和溶液配制清单，完成水质样品中无机阴离子 F^-、Cl^-、NO_3^-、NO_2^-、SO_4^{2-}、PO_4^{3-} 指标检测方案的制定和决策。工学一体化要求及学时见表 2-2-1。

表 2-2-1　　　　工学一体化要求及学时

序号	工作步骤	要求	学时	备注
1	解读检测标准	1. 熟悉检测标准规定的使用方法的检测原理 2. 明确检测标准规定的使用方法的检测流程 3. 明确检测标准规定的使用方法的使用范围和注意事项	2	
2	编写检测流程表	流程表符合项目检测要求	0.5	
3	编制试剂、仪器设备清单	试剂、仪器设备清单完整，满足水质样品 6 种无机阴离子含量检测实验进程和客户需求	1	
4	编制溶液配制清单	溶液配制清单完整，满足水质样品 6 种无机阴离子含量检测实验进程和客户需求	1	

续表

序号	工作步骤	要求	学时	备注
5	编制检测方案	检测方案描述清晰，设计合理，检验指标符合客户要求，检测方法符合国家标准或环境保护检测部门的要求。仪器设备、试剂应与清单罗列项目一一对应	1	
6	评价	方案科学合理，具有可操作性	0.5	

一、知识准备

通过阅读信息页和查阅有关资料，完成下列知识准备。

1. 离子色谱阴离子抑制器阳极室电解水的反应方程式为________________，阴极室电解水的反应方程式为________________。

2. 离子色谱阴离子抑制器使用的离子交换膜是________（阳离子/阴离子）交换膜。

3. 离子色谱阴离子抑制器使用的淋洗液是________（酸性/碱性）淋洗液。

4. 离子色谱阴离子抑制器抑制室发生的反应主要有________和________。

5. 流入离子色谱阴离子抑制器抑制室的淋洗液和样品的阳离子透过阳离子交换膜进入___________（阴极室/阳极室），形成___________、___________、___________废液。

6. 阴离子分析淋洗液在线发生器主要目的是制备________________的淋洗液，可以增加________，提高________________。

7. KOH 淋洗液在线发生器主要由高压________和低压________组成。

8. 电解槽里的阳极电解水产生________离子，其中储液罐盛装的电解质溶液提供的________离子可透过阳离子交换连接器里的阳离子交换膜进入________发生室。发生室的作用是生成________。

9. 阴离子捕获柱的作用是除去杂质阴离子，如________；脱气单元的作用是脱除________气。

10. 在给定去离子水流量的情况下，KOH 淋洗液在线发生器里 KOH 的浓度与施加给发生器的________呈线性关系。

二、编制工作流程

依据检测标准，认真梳理该项目的检测方法，编制工作流程，完成表 2-2-2。

表 2-2-2　　工作流程

序号	工作流程	主要工作内容	工作要求	完成时间
1				
2				
3				
4				
5				
6				
7				
8				
9				
10				

三、编制准备清单

依据检测标准，编制试剂、仪器设备、溶液配制清单。

1. 根据检测任务，完成表 2-2-3 描述的内容，列出所需药品、试剂。

表 2-2-3　　药品、试剂清单

序号	药品、试剂名称	规格	所需数量	负责人
1				
2				
3				
4				
5				
6				
7				
8				
9				
10				

2. 根据检测任务，完成表 2-2-4 描述的内容，列出所需仪器设备。

表 2-2-4　　仪器设备清单

序号	仪器设备名称	规格	数量	型号	用途	负责人
1						
2						

续表

序号	仪器设备名称	规格	数量	型号	用途	负责人
3						
4						
5						
6						
7						
8						
9						
10						

3. 根据检测任务，完成表 2-2-5 描述的内容，填写溶液配制清单。

表 2-2-5 溶液配制清单

序号	溶液名称	配制方法	负责人	数量	浓度	分装瓶数
1						
2						
3						
4						
5						
6						
7						
8						
9						
10						

四、问题与思考

1. 依据检测标准，完成表 2-2-6。

表 2-2-6 离子检测限 单位：mg/L

离子	方法检出限	测定下限
F^-		
Cl^-		
NO_2^-		

续表

离子	方法检出限	测定下限
Br^-		
NO_3^-		
PO_4^{3-}		
SO_3^{2-}		
SO_4^{2-}		

2. 依据检测标准或查阅相关资料，绘制 8 种无机阴离子的色谱图（氢氧根体系），识读色谱图，熟悉出峰时序、保留时间等信息。

3. 依据检测标准，将绘制标准曲线所用标准系列工作溶液的质量浓度填写在表 2-2-7 中。

表 2-2-7　　标准系列工作溶液质量浓度　　单位：mg/L

离子	移取混合标准使用溶液体积/mL					
	0.00	1.00	2.00	5.00	10.00	20.00
F^-						
Cl^-						
NO_3^-						
NO_2^-						
SO_4^{2}						
PO_4^{3-}						

五、评价

评价建议见表 2-2-8。

表 2-2-8　　评价建议

项目（配分）	项目明细（配分）及要求		配分	评分细则	自评	小组评价	教师评价
职业素养（20）	学习纪律（5）	按时到岗，不早退	1	违反一次不得分			
		积极思考并回答问题	2	根据上课统计情况得 1~2 分			
		学习用品准备齐全	1	学习用品齐全得 1 分			
		服从安排	1	不符合要求扣 1 分			
	职业道德（6）	主动与他人合作	2	不主动扣 1 分			
		主动帮助同学	2	不主动扣 1 分			
		仪容仪态规范，举止文明	2	符合要求得 2 分，其余不得分			
	6S 管理（4）	桌面、地面整洁	2	符合要求得 2 分，其余不得分			
		物品定置管理	2	符合要求得 2 分，其余不得分			
	职业能力（5）	阅读与整理信息	3	阅读能力强、信息把握准确得 3 分，其余情况酌情得 1~2 分			
		交流沟通、计划决策	2	有效沟通、计划决策合理得 2 分，错误不得分			
		创新能力（加分项）	5	有创新，视情况加 1~5 分			
专业能力（80）	时间安排（10）	时间分配要求	10	时间安排合理，规定时间内完成方案制定与决策得 10 分，其余情况酌情得 1~9 分			
	检测依据（10）	检测标准合理性	5	依据的检测标准科学合理得 5 分，不合理不得分			

续表

项目（配分）	项目明细（配分）及要求		配分	评分细则	自评	小组评价	教师评价
专业能力（80）	检测依据（10）	参考资料	5	收集的参考资料对完成任务有帮助得 1~5 分，否则不得分			
	检测流程（10）	检测流程情况	10	内容完整、顺序正确得 10 分，缺一项扣 1 分，错误不得分			
	药品试剂（10）	药品、试剂清单及溶液配制清单	10	完整、正确得 10 分，错漏一项扣 1 分			
	仪器设备（10）	仪器设备清单	10	完整、正确得 10 分，错漏一项扣 1 分			
	人员安排（5）	计划制订和工作过程人员安排	5	计划制订和工作过程人员安排合理、分工明确得 5 分，错漏一项扣 1 分			
	安全环保（5）	健康、安全、环保	5	方案关注健康、安全、环保得 5 分，其余情况酌情得 1~4 分			
	工作页（20）	按时提交	4	按时提交得 4 分，迟交不得分			
		书写整齐度	4	文字工整、字迹清楚得 4 分			
		内容完成程度	4	按完成程度分别得 1~4 分			
		回答准确率	4	视准确率情况分别得 1~4 分			
		见解独到性	4	视见解独到情况分别得 1~4 分			
总分							
综合得分（加权平均分，自评占 20%，小组评价占 30%，教师评价占 50%）							

续表

<table>
<tr><td>组长签字：</td><td>教师签字：</td></tr>
<tr><td colspan="2">学生对本活动的总体评述（从职业素养、职业能力的提升方面进行评述，分析不足之处并提出改进措施）：</td></tr>
<tr><td colspan="2">教师指导意见：</td></tr>
</table>

信息页——离子色谱阴离子抑制器工作原理

离子色谱使用抑制器，一是降低淋洗液的背景电导，二是增加被测离子的电导值，改善信噪比，提高检测灵敏度。抑制器内部一般分为 3 个室，分别为两膜之间的抑制室、膜两侧的阳极室和阴极室。

阳极室和阴极室中装有电极，通过电解水产生 H^+或 OH^-来满足化学抑制器所需的离子。阴离子抑制器用于分析阴离子。阳极室电解 H_2O 产生的 H^+透过阳离子交换膜进入抑制室，一部分 H^+会与淋洗液的 OH^-结合生成水，另一部分 H^+会与样品中的待测阴离子（如 X^-）结合生成酸，去检测器。在电场的作用下，样品及淋洗液中的阳离子（如 Na^+、K^+、Y^+等）透过阳离子交换膜进入阴极室，与 OH^-结合生成碱性物质作为废液排出。阴极室和阳极室电解水产生的 H_2 和 O_2 作为废气排出。阴离子抑制器工作原理如图 2-2-1 所示。

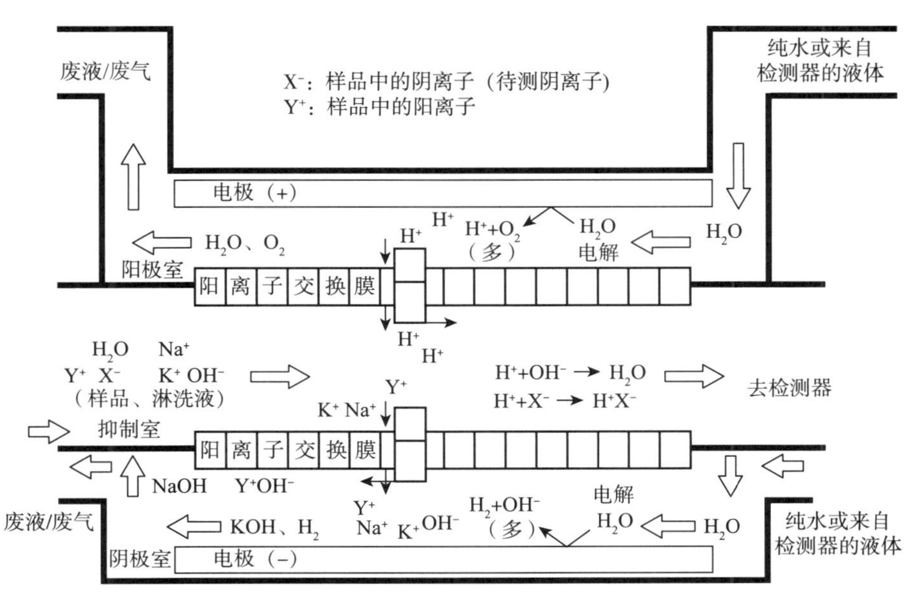

图 2-2-1 阴离子抑制器工作原理

信息页——淋洗液在线发生器工作原理

淋洗液是离子色谱重要的流动相，其浓度、温度的微小变化，以及淋洗液中的气泡、杂质都会影响背景电导，引起基线漂移。现代离子色谱分析法普遍采用淋洗液在线发生器制备浓度、温度恒定且无杂质、无气泡的淋洗液，能避免基线漂移，增加灵敏度，提高分离度，保证色谱峰积分具有良好的重复性。目前淋洗液在线发生器能提供分析阴离子用的氢氧根、碳酸根体系淋洗液和分析阳离子用的甲磺酸体系淋洗液。以 KOH 淋洗液在线发生器为例，其由高压 KOH 发生室和低压 K^+ 电解槽组成。KOH 发生室装有一个穿孔的 Pt 阴极，K^+ 电解槽装有一个 Pt 阳极，如图 2-2-2 所示。

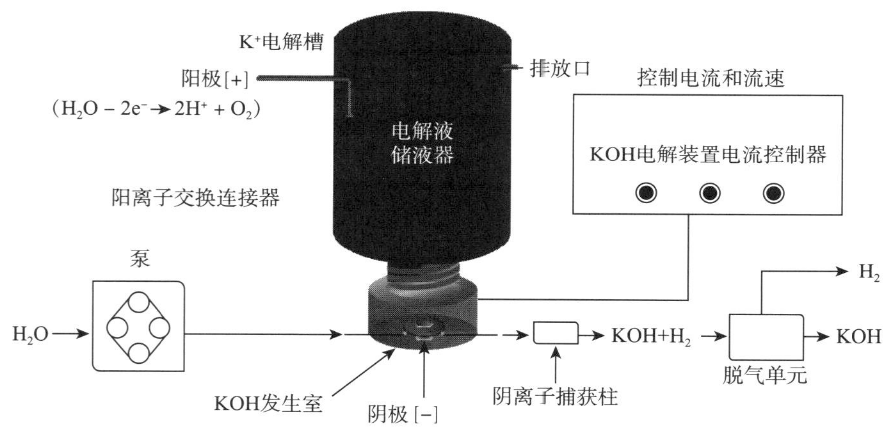

图 2-2-2 KOH 淋洗液在线发生器

KOH 发生室通过阳离子交换膜与 K^+ 电解槽连接。离子交换连接器将高压 KOH 发生室与低压 K^+ 电解槽隔开，并允许来自 K^+ 电解槽的 K^+ 通过并进入高压 KOH 发生室。泵驱动去离子水通过 KOH 发生室，在阳极（接电源正极）与阴极（接电源负极）之间加上直流电压，水在阳极和阴极发生电解。在阳极产生的 H^+ 代替电解质溶液中的 K^+，被置换出的 K^+ 跨过阳离子交换连接器里的阳离子交换膜进入 KOH 发生室。这些 K^+ 与在阴极产生的 OH^- 结合生成 KOH，得到用于阴离子分析的离子交换色谱淋洗液。

淋洗液在线发生器产生的 KOH 溶液的浓度由加到 K^+ 电解槽和 KOH 发生室上的电流和通过 KOH 发生室的水的流量决定。因此，在给定流量下，控制施加给 KOH 发生室的电流，就能精密地在线产生所需浓度的 KOH 淋洗液，施加的电流和产生的 KOH 淋洗液浓度之间存在非常好的线性关系。

学习任务	水质样品无机阴离子 F^-、Cl^-、NO_3^-、NO_2^-、SO_4^{2-}、PO_4^{3-} 指标测定	教学流程	实施检测
班　级		姓　名	

学习活动三　实施检测

建议学时：18 学时

学习要求： 通过认真阅读检测标准《水质　无机阴离子（F^-、Cl^-、NO_2^-、Br^-、NO_3^-、PO_4^{3-}、SO_3^{2-}、SO_4^{2-}）的测定　离子色谱法》（HJ 84—2016），已完成水中 F^-、Cl^-、NO_3^-、NO_2^-、SO_4^{2-}、PO_4^{3-} 含量测定前的准备工作，制定了检测方案。现要求能正确配制符合浓度要求的试剂溶液，熟悉和规范使用仪器设备，选择、设置合适的分析参数，按检测方案进行样品检测，记录原始数据，分析、处理数据，得出实验结论。检测过程必须严谨、科学、规范，检测现场符合 6S 管理要求，数据记录与处理必须诚实守信，不弄虚作假。工学一体化要求及学时见表 2-3-1。

表 2-3-1　　工学一体化要求及学时

序号	工作步骤	要求	学时	备注
1	安全警示	遵守实验室管理制度，规范操作	0.5	
2	准备仪器设备	能够阅读仪器设备的操作规程，正确操作仪器设备，并对仪器设备状态进行准确判断，掌握仪器设备的使用要求，规范操作玻璃仪器和离子色谱仪	1	
3	配制溶液	正确配制试剂溶液，及时、准确记录原始数据，计算浓度。现场符合 6S 管理要求	2	公用试剂课余准备
4	方法验证	能根据方法验证要求对方法进行验证，并判断方法是否可靠	2	

续表

序号	工作步骤	要求	学时	备注
5	样品预处理	样品保存符合要求，预处理方法选择正确	2	
6	检测样品	严格按检测方案实施检测，及时报告出现的问题并协商解决办法	10	
7	环节评价	严格按检测方案实施评价	0.5	

一、安全注意事项

请梳理工学过程中安全方面的注意事项，应分别采取什么防范措施？

二、配制溶液

1. 依据检测标准，配制阴离子标准储备溶液，填写表 2-3-2。

表 2-3-2 阴离子标准储备溶液配制

离子	采用的试剂	试剂纯度等级	配制量	离子质量浓度/(mg/L)	备注
F^-			称量________g，用水定容至________mL		建议购买市售有证的相应浓度的标准溶液
Cl^-			称量________g，用水定容至________mL		
NO_3^-			称量________g，用水定容至________mL		
NO_2^-			称量________g，用水定容至________mL		
SO_4^{2}			称量________g，用水定容至________mL		
PO_4^{3-}			称量________g，用水定容至________mL		

组长确认签字：__________ 时间：__________

2. 配制阴离子混合标准使用溶液，填写表 2-3-3。

表 2-3-3　　阴离子混合标准使用溶液配制

离子	标准储备溶液离子质量浓度/(mg/L)	移取体积/mL	混合标准使用溶液定容体积/mL	混合标准使用溶液离子质量浓度/(mg/L)
F^-				
Cl^-				
NO_3^-				
NO_2^-				
SO_4^{2-}				
PO_4^{3-}				

注：建议购买市售有证的相应浓度的混合标准使用溶液。

组长确认签字：__________　时间：__________

3. 阴离子淋洗液配制。

如果没有使用淋洗液在线发生器，依据检测标准，淋洗液浓度建议如下：

(1) 碳酸盐淋洗液Ⅰ：$c(Na_2CO_3)$ = 6.0 mol/L，$c(NaHCO_3)$ = 5.0 mol/L。

(2) 碳酸盐淋洗液Ⅱ：$c(Na_2CO_3)$ = 3.2 mol/L，$c(NaHCO_3)$ = 1.0 mol/L。

(3) 氢氧化钠淋洗液：$c(NaOH)$ = 100 mmol/L。

淋洗液应根据仪器型号和色谱柱说明书使用条件进行配制，并填写表 2-3-4。

表 2-3-4　　阴离子淋洗液配制

淋洗液名称：________________

配制方法							
配制浓度		配制量		配制时间		配制人员	

组长确认签字：__________　时间：__________

三、试样的制备

参考检测标准，简述试样的制备方法。

四、熟悉仪器

熟悉仪器，确认仪器状态。

1. 检查仪器管线连接是否正确。

如果没有淋洗液在线发生器，系统管线连接可参考学习任务一的管线连接图。目前，离子色谱分析法普遍采用淋洗液在线发生器，通过在线制备的 KOH 淋洗液无杂质、无气泡、浓度恒定。请根据仪器配置情况和仪器操作守则或使用说明书检查仪器管线连接是否正确。分析阴离子的离子色谱管线连接如图 2-3-1 所示。如果实验室离子色谱仪配有 RFC30 淋洗液在线发生控制装置，请按图检查并确认设备管线连接是否正确。

若要更换分离、抑制系统，请在指导教师帮助下进行。

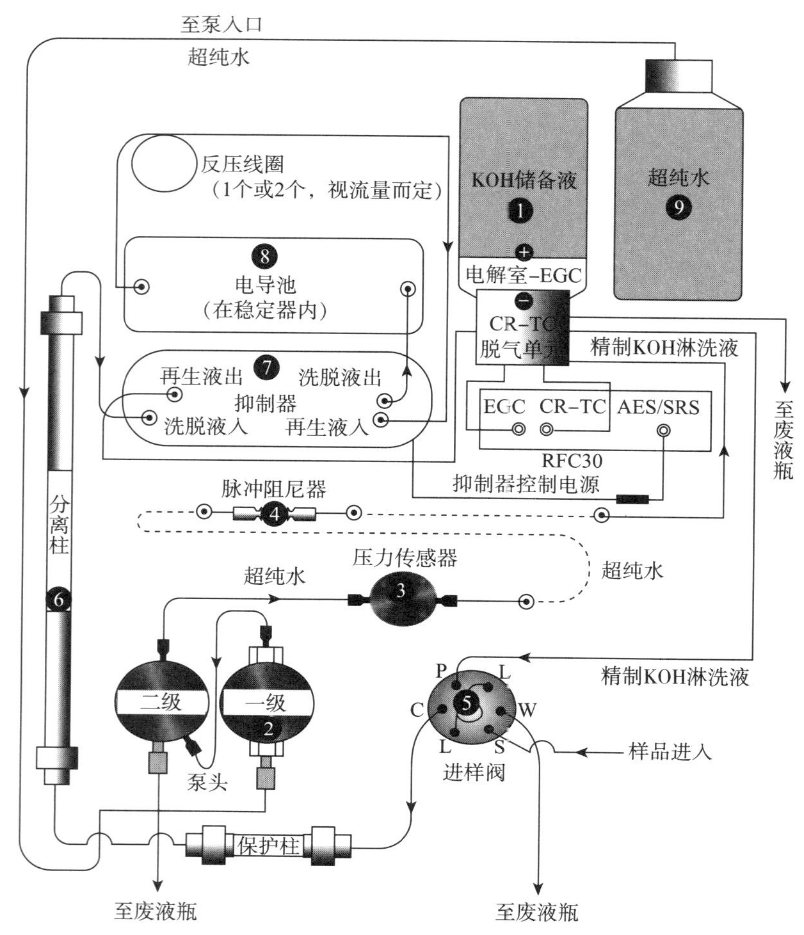

图 2-3-1　分析阴离子的离子色谱管线连接

检查结果：□正确　□错误

是否需要更换色谱柱、抑制器：□需要　□不需要

更换后检查结果：□正确　□不正确

如有错误，说明错误的地方，并提出修改建议，经指导教师同意后进行修改并确保管线连接完全正确。

2. 确认仪器设备状态。

仪器管线连接正确，打开气源，开机，检查仪器状态。

（1）钢瓶气源名称为________，钢瓶压力为________ MPa，钢瓶减压输出压力为________ MPa，淋洗液瓶气体压力为________ MPa（注意，应调节到规定范围内）。

（2）请将仪器前面板 LED（发光二极管）指示灯的状态记录在表 2-3-5 里。

表 2-3-5 仪器状态

LED 标签	是否亮（绿色）	是否闪烁
power（电源）		
ready（就绪）		
run（运行）		

五、检测过程

1. 不同厂家的离子色谱仪有不同的操作规程，请认真阅读离子色谱仪操作规程，完成开机、仪器工作参数设置，注意观察并记录仪器工作状态，判断仪器工作是否正常。

（1）简述开机步骤（各小组认真梳理开机步骤）。

（2）记录仪器运行参数，填写表 2-3-6。

表 2-3-6 仪器运行参数

<table>
<tr><td>小组名称</td><td></td><td>组员</td><td colspan="2"></td></tr>
<tr><td colspan="2">离子色谱仪器型号/编号</td><td colspan="3"></td></tr>
<tr><td colspan="2">淋洗液名称</td><td></td><td>淋洗液瓶氮气压力/MPa</td><td></td></tr>
<tr><td colspan="2">淋洗液瓶内淋洗液体积/mL</td><td></td><td>淋洗液浓度/(mmol/L)</td><td></td></tr>
<tr><td colspan="2">泵压/MPa</td><td></td><td>泵流量/(mL/min)</td><td></td></tr>
<tr><td colspan="2">电导检测器名称/型号</td><td></td><td>状态</td><td>□正常
□不正常</td></tr>
<tr><td colspan="2">抑制器名称/型号</td><td></td><td>抑制器工作电流/mA</td><td></td></tr>
<tr><td colspan="2">淋洗液在线发生控制装置名称/型号</td><td></td><td>淋洗液在线发生控制装置工作状态（以 RFC30 为例）</td><td>□EGC
□CR-TC
□AES/SRS</td></tr>
<tr><td colspan="2">色谱柱名称/型号</td><td></td><td>色谱柱压力/MPa</td><td></td></tr>
<tr><td colspan="2">基线状态</td><td></td><td>平衡电导/μS</td><td></td></tr>
<tr><td colspan="2">仪器是否正常</td><td colspan="2">□是</td><td>□否</td></tr>
<tr><td colspan="2">组长签字/日期</td><td colspan="3"></td></tr>
</table>

2. 检测。

(1) 绘制标准工作曲线。

将绘制 F^- 标准工作曲线所用到的相关参数填于表 2-3-7 中。

表 2-3-7　　F^- 标准工作曲线相关参数

序号	标准工作曲线物质质量浓度/(mg/L)	峰面积	回归方程	线性相关系数 R
1				
2				
3				
4				
5				

将绘制 Cl^- 标准工作曲线所用到的相关参数填于表 2-3-8 中。

表 2-3-8　　Cl^- 标准工作曲线相关参数

序号	标准工作曲线物质质量浓度/(mg/L)	峰面积	回归方程	线性相关系数 R
1				
2				
3				
4				
5				

将绘制 NO_3^- 标准工作曲线所用到的相关参数填于表 2-3-9 中。

表 2-3-9　　NO_3^- 标准工作曲线相关参数

序号	标准工作曲线物质质量浓度/(mg/L)	峰面积	回归方程	线性相关系数 R
1				
2				
3				
4				
5				

将绘制 NO_2^- 标准工作曲线所用到的相关参数填于表 2-3-10 中。

表 2-3-10　　NO_2^- 标准工作曲线相关参数

序号	标准工作曲线物质质量浓度/(mg/L)	峰面积	回归方程	线性相关系数 *R*
1				
2				
3				
4				
5				

将绘制 SO_4^{2-} 标准工作曲线所用到的相关参数填于表 2-3-11 中。

表 2-3-11　　SO_4^{2-} 标准工作曲线相关参数

序号	标准工作曲线物质质量浓度/(mg/L)	峰面积	回归方程	线性相关系数 *R*
1				
2				
3				
4				
5				

将绘制 PO_4^{3-} 标准工作曲线所用到的相关参数填于表 2-3-12 中。

表 2-3-12　　PO_4^{3-} 标准工作曲线相关参数

序号	标准工作曲线物质质量浓度/(mg/L)	峰面积	回归方程	线性相关系数 *R*
1				
2				
3				
4				
5				

（2）样品测定。

计算公式：

$$\rho = \rho_{查} \times n$$

式中 ρ——样品中待测离子质量浓度，mg/L；

$\rho_{查}$——由校准曲线上查得的样品中待测离子的质量浓度，mg/L；

n——样品稀释倍数。

检测结果见表 2-3-13。

表 2-3-13 检测结果

检测项目	$\rho_{1查}$/(mg/L)	$\rho_{2查}$/(mg/L)	$\rho_{3查}$/(mg/L)	平均值/(mg/L)	稀释倍数	检测结果/(mg/L)	相对标准偏差/%
F^-							
Cl^-							
NO_3^-							
NO_2^-							
SO_4^{2}							
PO_4^{3-}							

注：检测结果保留 3 位有效数字。

检测人： 日期： 校核人： 日期：

（3）质量控制。

质控样加标真实值为________ mg/L，测定值为________ mg/L。

六、知识技能巩固

1. 简述混合标准使用溶液和标准工作曲线溶液的配制过程。

2. 离子色谱普遍利用淋洗液在线发生控制装置，如 RFC30，它既可以由自身的面板控制，也可以由外部仪器采用信号控制。RFC30 前面板及控制原理如图 2-3-2 所示。

请回答下列问题（注意：排气泡时，不要打开抑制器、EGC 和 CR-TC 的控制开关!）：

（1）RFC ENABLED 绿色指示灯亮表示________。

（2）GRADIENT ON 绿色指示灯亮表示________。

（3）DEVICE SELECT（EGC、CR-TC、AES/SRS）绿色指示灯亮表示________。

（4）DEVICE SELECT 的“EGC”按钮功能是________。

（5）DEVICE SELECT 的“CR-TC”按钮功能是________。

（6）DEVICE SELECT 的“AES/SRS”按钮功能是________。

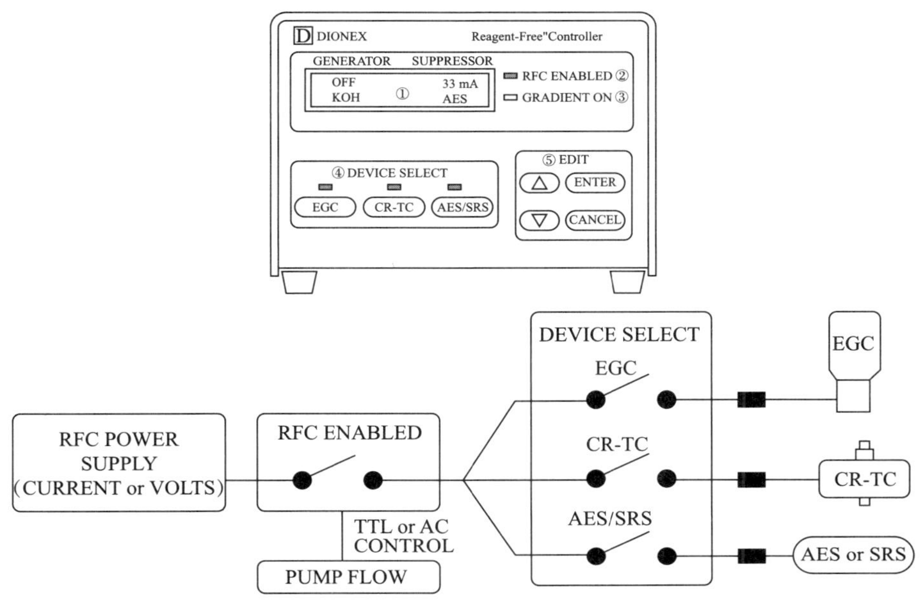

图 2-3-2 RFC30 前面板及控制原理

3. 抑制器类型为 ASRS（分析阴离子用抑制器），淋洗液为 KOH 溶液，$c(KOH)=56$ mmol/L，流量为 1.00 mL/min，试计算抑制器的最小工作电流和最大工作电流。

4. 为检测水质样品阴离子的质量浓度，建立各阴离子的工作曲线。F^-：$y=355.21+16\,448x$；Cl^-：$y=213.13+11\,148x$；NO_3^-：$y=-1\,658.3+6\,431.9x$；SO_4^{2-}：$y=-2\,670.6+8\,180.4x$。样品分析阴离子色谱如图 2-3-3 所示。

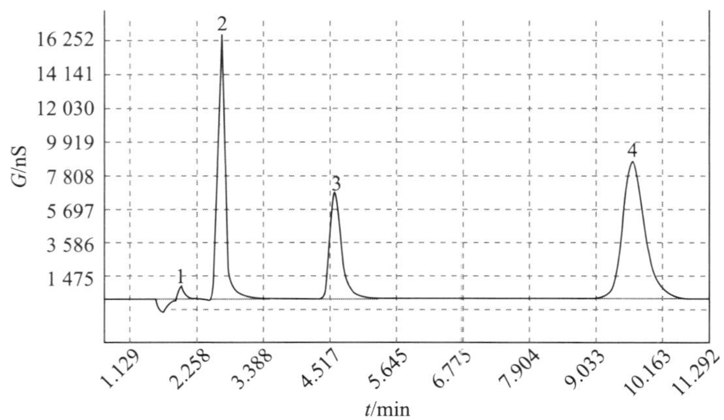

图 2-3-3 样品分析阴离子色谱

F^-、Cl^-、NO_3^-、SO_4^{2-} 的峰面积分别为 6 446.3、142 371.8、88 821.6、224 422.0（nS · s），试计算它们的质量浓度（μg/mL）。

七、现场整理

按 6S 管理要求整理现场，记录现场情况。

八、评价

评价建议见表 2-3-14。

表 2-3-14　　评价建议

项目（配分）	项目明细（配分）及要求		配分	评分细则	自评	小组评价	教师评价
职业素养（20）	学习纪律（5）	按时到岗，不早退	1	违反一次不得分			
		积极思考并回答问题	2	根据上课统计情况得 1~2 分			
		学习用品准备齐全	1	学习用品齐全得 1 分			
		服从安排	1	不符合要求扣 1 分			
	职业道德（6）	主动与他人合作	2	不主动扣 1 分			
		主动帮助同学	2	不主动扣 1 分			
		仪容仪态规范，举止文明	2	符合要求得 2 分，其余不得分			
	6S 管理（4）	桌面、地面整洁	2	符合要求得 2 分，其余不得分			
		物品定置管理	1	符合要求得 1 分，其余不得分			
		安全、环保	1	安全防护、废液处置合理得 1 分，其余不得分			
	职业能力（5）	科学规范，熟练高效，有工匠精神，协作沟通有效	5	符合要求得 5 分，其余情况酌情得 1~4 分			
专业能力（80）	配制溶液、处理样品（20）	药品、试剂准备	5	完全符合要求得 5 分，其余情况酌情得 1~4 分			
		仪器设备准备	5	完全符合要求得 5 分，其余情况酌情得 1~4 分			
		称量与浓度计算	5	正确得 5 分，有错误不得分			
		配制溶液及保存和分装	5	正确得 5 分，其余情况酌情得 1~4 分			

续表

项目（配分）	项目明细（配分）及要求		配分	评分细则	自评	小组评价	教师评价
专业能力（80）	确认仪器状态（20）	确认仪器、钢瓶状态	5	全部正确得 5 分，不正确不得分			
		开机方法	5	正确开机得 5 分，不正确不得分			
		设置仪器工作参数	5	完全正确得 5 分，不正确不得分			
		关机方法	5	正确关机得 5 分，不正确不得分			
	实施检测（20）	工作站使用	10	正确使月工作站建立所需文件得 10 分，不正确不得分			
		进样	5	进样方法设置及进样完全正确得 5 分，不正确不得分			
		数据记录	5	及时、无误得 5 分，否则不得分			
	工作页（20）	按时提交	4	按时提交得 4 分，迟交不得分			
		书写整齐度	4	文字工整、字迹清楚得 4 分			
		内容完成程度	4	按完成程度分别得 1~4 分			
		回答准确率	4	视准确率情况分别得 1~4 分			
		见解独到性	4	视见解独到情况分别得 1~4 分			
总分							
综合得分（加权平均分，自评占 20%，小组评价占 30%，教师评价占 50%）							

续表

组长签字：	教师签字：
学生对本活动的总体评述（从职业素养、职业能力的提升方面进行评述，分析不足之处并提出改进措施）：	
教师指导意见：	

信息页——淋洗液在线发生控制装置 RFC30

1. RFC30 功能介绍。

RFC30 是常用的控制抑制器（AES/SRS）和淋洗液在线发生器（KOH/CH_4O_3S）的设备。它既可以由自身的面板控制，也可以由外部仪器采用信号控制。RFC30 控制原理如图 2-3-4 所示。

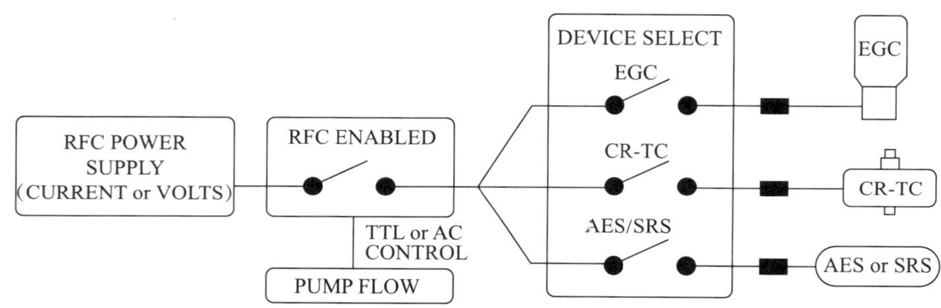

图 2-3-4　RFC30 控制原理[①]

注意：排气泡时，不要打开抑制器（AES/SRS）、EGC 和 CR-TC 的控制开关！

RFC30 的前、后面板如图 2-3-5 所示。

（1）显示屏可以显示抑制器和淋洗液在线发生器的类型和工作状态，以及错误信息。

（2）RFC ENABLED 绿色指示灯亮表示准备就绪。

（3）GRADIENT ON 绿色指示灯亮表示正在进行梯度淋洗。

（4）DEVICE SELECT（EGC、CR-TC、AES/SRS）绿色指示灯亮表示所选择的设备正在工作。

---

① 图 2-3-4 中，“RFC POWER SUPPLY”指淋洗液在线发生控制装置电源，“CURRENT or VOLTS”指电流或电压，“RFC ENABLED”指淋洗液在线发生控制装置，“TTL or AC CONTROL”指 TTL 或 AC 控制，“PUMP FLOW”指泵流量，“DEVICE SELECT”指设备选择，“EGC”指淋洗液在线发生器及控制开关，“CR-TC”指污染离子捕获器及控制开关，“AES or SRS”指 AES 或 SRS 抑制器，“AES/SRS”指抑制器控制电源开关。TTL 指淋洗液在线发生器控制总线，AC 指接入控制器。

（5）EDIT▲和▼可以改变显示模式，或者改变参数的大小，按住▲或▼可以连续快速改变。按 ENTER 键可以确认所编辑的数值或模式，按 CANCEL 键可以取消所编辑的数值或模式。

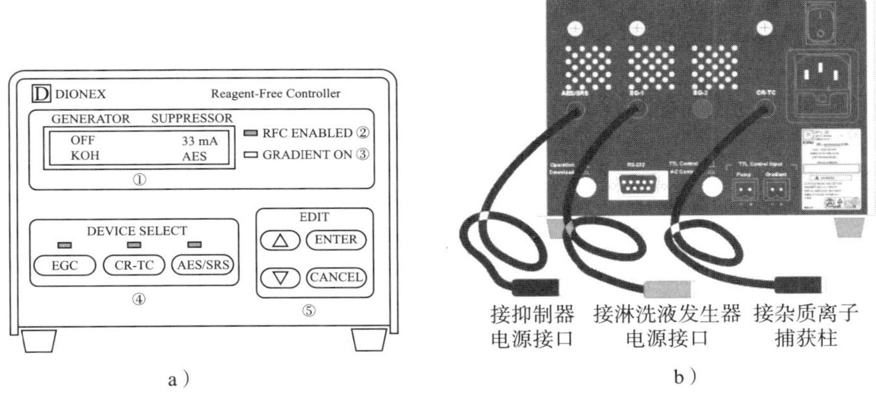

a）　　b）

图 2-3-5　RFC30 前、后面板

a）RFC30 前面板　b）RFC30 后面板

后面板有电源开关、电源插座和保险丝盒、控制设备的电缆、操作/下载选择按钮、RS-232 接口、TTL/电源控制选择按钮、TTL 接口等。

2. 淋洗液在线发生器。

淋洗液在线发生器及 CR-TC 组合体有两个电源控制接口，黑色的接 RFC30 连续再生杂质离子捕获柱 CR-TC 接口，蓝色的接 RFC30 淋洗液在线发生器 EGC 接口。淋洗液在线发生器及 CR-TC 组合体有 4 根管线：一是电解废液流出管线（接废液瓶），二是再生杂质离子捕获柱 CR-TC 捕获的杂质离子废液排出管线，三是从抑制器流出的再生液进入淋洗液在线发生器的连接管线，四是精制的淋洗液进入六通进样阀标志为“P”接口的管线。每根管线都有标签，确保系统管线之间正确连接。放置在 RFC30 上的淋洗液在线发生器如图 2-3-6 所示。

3. 使用 RFC30。

打开 RFC30 后面板的电源开关，屏幕显示 RFC30 的版本信息后进入默认屏幕，如图 2-3-7 所示。

屏幕左面显示的是淋洗液在线发生器相关信息，淋洗液浓度为 47.00 mmol/L，淋洗液的类型为 KOH；屏幕右面显示的是抑制器的相关信息，抑制器的工作电流为 117 mA，抑制器的类型为 ASRS_2MM。待系统压力超过 1 000 psi 时，按 EGC 键和 AES/SRS 键，相应按键上方的指示灯亮，屏幕显示上一次关机前的参数。利用▲或▼

键可以进行功能选择或参数设置。淋洗液有 NONE、KOH、MSA、CO3[①] 可供选择，淋洗液如 KOH 浓度可在 0.10～60.00 mmol/L 范围内设置。抑制器类型有 NONE、A&C SRS、AES 可供选择，以 ASRS_2MM 为例，电流可在 117～150 mA 范围内设置，流量可在 0.10～1.00 mL/min 范围内设置，淋洗液储罐储液量读数可在 0.10～100.00 范围内设置。

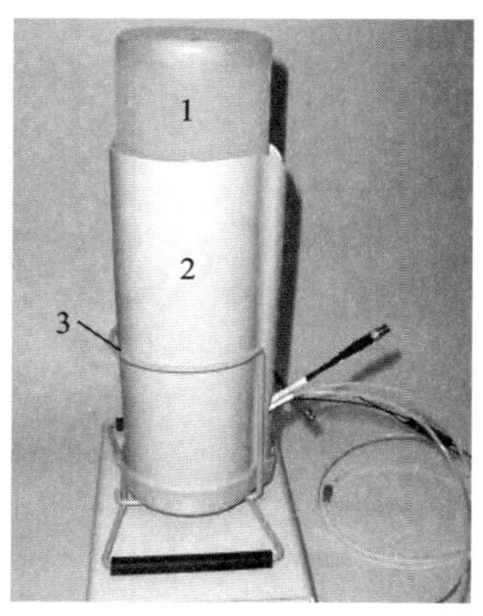

图 2-3-6 淋洗液在线发生器

1—淋洗液在线发生器 2—带有脱气总成和污染离子捕获装置的淋洗液在线发生器支架 3—支架

图 2-3-7 RFC30 淋洗液在线发生控制装置屏幕信息

用户在屏幕中输入淋洗液和抑制器的类型、流量及淋洗液浓度等参数后，RFC30 可以自动计算抑制器的工作电流。应注意的是，梯度淋洗时应输入最高浓度。抑制器的类型和流量见表 2-3-15。随着技术的进步，控制器与淋洗液在线发生器和抑制器电流的参数匹配会更加自动化。

表 2-3-15 抑制器的类型和流量

抑制器的类型	流量/(mL/min)
ASRS_2MM 0.10	1.00
ASRS_4MM 0.10	3.00

① “NONE”表示无淋洗液，“MSA”表示淋洗液为甲磺酸，“CO3”表示淋洗液为 Na_2CO_3、$NaHCO_3$。

续表

抑制器的类型	流量/(mL/min)
CSRS_2MM 0. 10	0. 75
CSRS_4MM 0. 10	3. 00
CAES 0. 10	3. 00

信息页——ICS-600型离子色谱仪作业指导

一、目的

规范ICS-600型离子色谱仪操作程序，正确使用仪器，保证检测工作顺利进行，确保操作人员人身安全和设备安全。

二、适用范围

适用于ICS-600型离子色谱仪的使用操作。

三、职责

（1）ICS-600型离子色谱仪操作人员应严格按照本规程操作仪器，对仪器进行日常维护，并填好使用记录。

（2）ICS-600型离子色谱仪保管人员负责监督仪器操作是否符合规程，对仪器进行定期维护、保养。

（3）实验室主任或技术主管负责仪器维护管理。

四、操作程序

1. 开机。

（1）确认淋洗液储量是否满足需要，即测完样后剩余量不少于100 mL。阴离子淋洗液浓度：4.5 mmol/L Na_2CO_3+0.8 mmol/L $NaHCO_3$。建议先配制成浓缩母液（可先配制浓缩100倍的母液，即取4.775 g Na_2CO_3、0.674 g $NaHCO_3$混合，加去离子水定容至100 mL，每次取20 mL母液稀释至2 L），然后用母液稀释，以减少误差。阳离子淋洗液浓度：20 mmol/L甲磺酸（取优级纯甲磺酸2.6 mL，用去离子水稀释至2 L）。淋洗液配好后，先摇匀，真空抽滤后再继续脱气2 min以上，然后沿壁缓缓倒入淋洗液瓶中（阴离子淋洗液使用水相微孔滤膜过滤；阳离子淋洗液一般无须过滤，若过滤需使用有机相微孔滤膜过滤）。

如果配备了淋洗液在线发生器，按淋洗液在线发生器使用说明操作。

（2）若仪器超过一周以上未用，应拆下抑制器进行活化。将抑制器上的四接口短接。即将淋洗液入口（ELUENT IN）与淋洗液出口（ELUENT OUT）用黑色直通接头短接，将再生液入口（REGEN IN）与再生液出口（REGEN OUT）用灰色直通接头短接。抑制器的淋洗液出口（ELUENT OUT）和再生液入口（REGEN IN）分别接上专用的活化接头，用注射器分别注入 5 mL 以上的超纯水。

（3）开启氮气钢瓶总开关，分压表调至 0.2 MPa 左右，淋洗液瓶上的压力表调至 5~10 psi（拔出黑色旋钮，顺时针调节至 5 psi，将黑色旋钮推回原位锁住）。倒空废液桶中废液，防止废液溢出。

（4）打开稳压电源开关，待稳压电源稳定后，再打开 ICS-600 主机电源开关。

（5）启动计算机。待计算机右下角“服务管理器”启动完毕，双击桌面“Chromeleon 7”，进入工作站，单击工作站左侧导航栏“仪器”进入仪器控制面板。

2. 运行前的准备工作。

（1）确认室温是否在 15~30 ℃，若不符，则需开空调，关好门窗，控制室温。

（2）检查软件左侧“Connected”是否为绿色，若不是，则单击使软件与仪器之间建立起连接。

（3）拉开主机的前盖，逆时针旋松泵头上的废液阀（约拧松 2 圈），然后按“灌注”，排除泵头里残留的气泡。约 5 min，按“关闭”停泵，然后旋紧泵头废液阀。注意不要拧得太紧，防止损坏密封圈。

（4）重新在“泵”模块中按“打开”，待压力上升至 1 000 psi 时，如果配备了 RFC30 等控制装置，打开控制器电源开关，开启 EGC、CR-TC、AES/SRS，指示灯亮。根据抑制器和淋洗液类型，利用面板的功能键进行相应选择和设置。

如果没有淋洗液在线发生器，只需开启抑制器。

注意：系统排气泡时，不要开启 RFC30 的 EGC、CR-TC、AES/SRS 功能。

（5）在 ICS-600 项下单击左上方的“监视基线”，再单击“确认”，进行基线采集，基线波动在 10 min 内小于 0.01 μS 方可进行做样（此过程大约持续 30 min）。

（6）准备好需要分析的标液和待测样品溶液。

3. 进样。

（1）开泵约 30 min，基线已平稳，且总电导和系统压力在正常范围内（阴离子系统的总电导值应在 15~30 μS，总压力应在 1 300~2 300 psi），再次按“监视基线”按钮停止基线的采集。

（2）点击菜单栏“创建（或 Create）”，在下拉菜单选择“仪器方法...”创建仪器方法，注意修改运行时间和进样方式。点击菜单栏“创建（或 Create）”，在下拉菜单选择“处理方法…”，建议选择第二个图标，使用运行向导，方便处理数据。点击菜单栏“创建（或 Create）”，在下拉菜单选择“报表方法…”，建议选择第一个图标，使用基本报表格式。

最后点击菜单栏“创建（或 Create）”，在下拉菜单选择“序列…”，把刚才创建的仪器方法、数据处理方法、报告方法文件装入即可。

（3）序列文件新建好后，再次核对调用的仪器方法是否为该样品的仪器方法。

（4）单击导航栏“仪器”，进入“队列”选项卡，单击“添加…”，添加目标序列到当前队列中。

（5）单击“就绪检查”，进行测试前队列的最后检查。若就绪检查报告成功，则单击“开始”，开始进样。

（6）按照提示，先用注射器注入相应的溶液后，再点击下方的“确定”键。注意，注射器最后剩余的一小截气泡不要注入，以免引起进样体积误差。以此类推，按照序列表中的顺序在出现提示窗口后依次进样，直至全部结束。注意，标样浓度从低到高，标样之间可不清洗注射器和进样口；进每一个待测样前均需先清洗注射器和进样口（准备一杯新制的超纯水，分别用超纯水清洗注射器和定量环 3 次以上）。

4. 谱图数据处理。

（1）点击导航栏“数据”，找到需要处理的序列文件，将样品表中的标准品“类型”设置为“校准标准品”，将“级别”设置为 01、02、03 等。

（2）双击打开第一个标准品，在导航栏中选择“数据处理”，并在“数据处理主页”中选中“色谱图”与“处理方法”图标。

在色谱图下方选择“检测”选项卡，分别设置“积分区域”“基线噪声范围”“平滑宽度”“最小峰面积”“通道和进样类型”，并根据需要在“分组区”增加更多的色谱图处理参数。

（3）在色谱图下方选择“组分表”选项卡，单击“运行组分表向导”，分别设置“时间范围”“筛选”“复核”，并根据需要在“分组区”设置“窗口”范围、“标准品方法”、“校准类型”等，在“级别”中输入校准标样的浓度值，在“浓度单位”中设置浓度。

（4）在色谱图下方选择“校准”选项卡，进行“综合校准设置”，并可在“分组区”设置是否启用校准标样等。

（5）设置完成后，保存更改。

（6）在“数据处理主页”中选中“色谱图”“校准图”“交互结果”，即可查看当前峰的校准曲线、校准结果、峰结果等。使用 F4 或 Ctrl+F4 可快捷切换下一个进样或上一个进样。

（7）在导航栏中选择“报告设计器”，即可查看、打印报告，或将报告导出为文本格式（txt）、电子表格（xls）或便携式文档（pdf）文件。

5. 关机及关机后处理。

（1）分析样品结束后，用淋洗液冲洗约 20 min 后，关闭控制器，关闭离子色谱仪的泵，关闭主机电源，最后关闭压力表、气瓶主阀、气瓶减压阀、稳压电源。

（2）填写实验记录，整理实验台面，仪器、试剂归位，记录下系统压力、总电导等信息，清理室内卫生，关好水、电、门窗等。

五、安全操作注意事项和日常维护要求

1. 安全操作注意事项。

（1）仪器必须有专人保管、专人使用。

（2）注意仪器间的洁净，保持无尘。

（3）使用环境为室温，仪器不能直对着空调，室内无腐蚀性气体。

（4）严格遵守操作规程，出现故障时应做好记录，同时立即向保管人员及实验室主任报告，平时使用仪器应做好仪器使用记录及实验记录。

（5）切记，分析柱和保护柱不能用超纯水长时间冲洗或保存，直接使用淋洗液保存即可。

（6）普通的样品，如饮用水、地表水、降水等，进样前需用 0. 45 μm 以下孔径的水相微孔滤膜过滤。离子浓度过高或含有机物，以及金属或重金属浓度较高的样品，如江水、海水、污水或电子五金企业的样品等，进样前需经过其他特殊的前处理，具体情况可咨询离子色谱仪生产厂商的应用工程师。

（7）离子色谱所有管线和接头均为耐酸碱的 PEEK（聚醚醚酮）材料，安装或更换后仅需用手拧紧即可，切忌用扳手拧紧，以免管线变形或堵塞。

（8）离子色谱所用的样品瓶、容量瓶等容器的清洗，尽量不要使用清洁剂和洗液，只需灌满超纯水利用超声波清洗 0. 5 h 并浸泡 24 h 以上再洗净晾干即可。切忌超声波清洗时间过长，以免发热膨胀。

2. 仪器日常维护。

（1）仪器日常应保持无尘。

（2）必须保证电源良好接地。

（3）色谱柱长时间不用，应用淋洗液冲洗约 20 min 后，从仪器上拆开来并用堵头堵死密封保存，以免其中的液体挥发导致损坏。

（4）抑制器短期不用（1 周以上），应用注射器分别从淋洗液出口和再生液入口注入 5 mL 以上的超纯水，然后用堵头堵死密封存放。抑制器再次使用前也应按此方法活化。

（5）定期活化抑制器。分别从抑制器的淋洗液出口和再生液入口接口处注入 5 mL

以上超纯水，以防止抑制器中有沉淀析出。

（6）定期测抑制器的反压，反压应不超过 100 psi。反压即不接电导池与接电导池的压力差。

（7）定期开机。建议定期使用仪器，若不分析样品，可定期（建议 1~2 周）开机运行 30 min 后再关机。

六、系统更换（以阴离子系统更换为阳离子系统为例）

（1）关闭阴离子系统（断开抑制器电流，关泵）。

（2）拆下保护柱和分析柱，并用黑色直通接头连接管线；拆下 ASRS 阴离子抑制器，密封 4 个接口。

（3）更换装超纯水的淋洗液瓶。

（4）排泵头的气泡。

（5）开泵，清洗管线、电导池至系统电导降至超纯水电导，停泵。

（6）更换阳离子淋洗液，然后开氮气并排泵头的气泡。

（7）开泵，直至总电导超过 50 μS，关泵。

（8）安装保护柱，出口接废液，然后开泵，冲洗保护柱约 5 min，关泵。

（9）安装分析柱，出口接废液，然后开泵，冲洗分析柱约 10 min，关泵。

（10）活化阳离子抑制器，然后安装抑制器，淋洗液出口接废液，开泵，冲洗抑制器约 2 min，不需要接通抑制器电流，关泵。

（11）安装电导池和抑制器再生液管线，开泵，冲洗电导池约 2 min，不需要接通抑制器电流，关泵。

（12）确认管路无漏液，固定好保护柱和分析柱，连接好抑制器的外加电源。

七、参考说明书

ICS-600 离子色谱系统操作手册。

八、抑制器电流计算

如果没有配置 RFC30，抑制器的工作电流计算办法：

$$I=cQf$$

式中 I——电流，mA；

c——淋洗液中阳离子物质的量浓度，mmol/L；

Q——流量，mL/min；

f——系数，$f=2.47$ A · min · mmol^{-1} 或 3 A · min · mmol^{-1}。

以 6 mmol/L 碳酸钠淋洗液为例，假设流量为 1.0 mL/min，则 $I=6\times2\times1\times2.47$（mA）= 29.64 mA，抑制器工作电流取 30 mA 即可。

学习任务	水质样品无机阴离子 F^-、Cl^-、NO_3^-、NO_2^-、SO_4^{2-}、PO_4^{3-} 指标测定	教学流程	验收交付
班　　级		姓　　名	

学习活动四　验收交付

建议学时：4 学时

学习要求： 能够对检测的原始数据进行数据处理并规范完整地填写报告书，对可疑数据进行分析，工学一体化要求及学时见表 2-4-1。

表 2-4-1　　工学一体化要求及学时

序号	工作步骤	要求	学时	备注
1	编制质量分析报告	能根据数据及检测标准判定结果的准确性，根据质控结果判断结果的可靠性，分析测定中存在的问题及操作要点	1.5	
2	编制水质样品无机阴离子 F^-、Cl^-、NO_3^-、NO_2^-、SO_4^{2-}、PO_4^{3-} 指标测定检测报告	依据检测结果，编制检测报告单，要求用仿宋字体填写，书写规范、整洁，无涂改	2	
3	评价	能对结果的真实性、样品质量给出合理评价	0.5	

一、编写数据评判表

1. 数据评判建议见表 2-4-2。

表 2-4-2　　数据评判建议

评判内容	要求	结果
平行双样精密度	≤10%	合格
质控范围（至少做 1 个加标回收率测定）	80%～120%	合格

续表

评判内容	要求	结果
空白实验	低于方法检出限	合格
线性相关系数	≥0.995	合格
检测结果有效位数（质量浓度小于 1 mg/L）	保留小数点后两位	合格
检测结果有效位数（质量浓度大于 1 mg/L）	保留小数点后三位	合格

2. 数据分析。

（1）写出离子质量浓度计算公式、精密度计算公式和质量控制计算公式。

（2）写出质量浓度、精密度和质量控制计算过程，并将计算结果填写在原始记录报告单上。

（3）请在图 2-4-1 中画出水质样品阴离子检测结果色谱图。

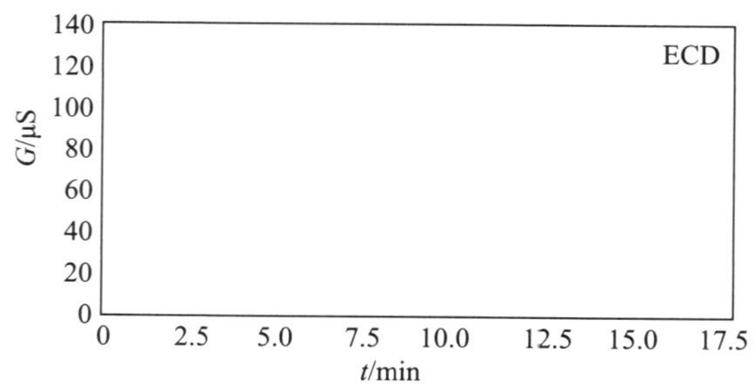

图 2-4-1 水质样品阴离子检测结果色谱图

（4）将检测结论填写在表 2-4-3 中。

表 2-4-3　　　　　　　　检测结论

内容	单标定性时间/min	精密度	判定结果（合格/不合格）	线性相关系数	判定结果（合格/不合格）	互平行测定值	判定结果（合格/不合格）	质控样测定值	质控样真实值	回收率/%	判定结果（合格/不合格）
F^-											
Cl^-											
NO_3^-											
NO_2^-											
SO_4^{2-}											
PO_4^{3-}											

3. 写出测定中存在的问题和操作要点。

二、填写检测报告

检　测　报　告　书

检品名称＿＿＿＿＿＿＿＿

被检单位＿＿＿＿＿＿＿＿

检测单位＿＿＿＿＿＿＿＿

报告日期　　年　　月　　日

检测报告书首页 ________分析测试中心

字（20 年）第 号

共 页，第 页

检品名称________________ 检测类别 委托（送样）

被检单位________________ 检品编号________________

生产厂家________________ 检测目的________ 生产日期________

检品数量________________ 包装情况________ 采样日期________

采样地点________________ 检品性状________ 送检日期________

检测项目________________________________

____

检测结果及评价依据：

测定值________________ 评价依据________________

结论及评价：

结论________________ 评价________________

检测环境条件__________ 温度__________ 相对湿度__________ 气压__________

主要检测仪器设备：

名称____________ 编号____________ 型号____________

名称____________ 编号____________ 型号____________

名称____________ 编号____________ 型号____________

报告编制： 校对： 签发：

盖 章

年 月 日

项目名称	限值	测定值	判定

注：报告书包括封面、首页、正文（附页）、封底，并盖有计量认证章、检测章和骑缝章。

三、评价

评价建议见表 2-4-4。

表 2-4-4　　评价建议

项目（配分）	项目明细（配分）及要求		配分	评分细则	自评	小组评价	教师评价
职业素养（20）	学习纪律（5）	按时到岗，不早退	1	违反一次不得分			
		积极思考并回答问题	2	根据上课统计情况得 1~2 分			
		学习用品准备齐全	1	学习用品齐全得 1 分			
		服从安排	1	不符合要求扣 1 分			
	职业道德（6）	主动与他人合作	2	不主动扣 1 分			
		主动帮助同学	2	不主动扣 1 分			
		仪容仪态规范，举止文明	2	符合要求得 2 分，其余不得分			
	6S 管理（4）	桌面、地面整洁	2	符合要求得 2 分，其余不得分			
		物品定置管理	2	符合要求得 2 分，其余不得分			
	职业能力（5）	数据处理与计算	3	正确得 3 分，错误不得分			
		信息处理与资料使用	2	正确得 2 分，错误不得分			
		创新能力（加分项）	5	有创新，视情况加 1~5 分			
专业能力（80）	数据处理（10）	过程完整、规范、正确	10	计算过程完整、规范且结果正确得 10 分，其余情况酌情得 1~9 分			
	结论评判（10）	结论是否正确	10	结论正确得 10 分，结论评判错误不得分			
	精密度（10）	互平行情况	10	互平行≤5%得 10 分，≤10%且>5%得 5 分，>10%不得分			
	线性相关系数（5）	线性相关性	5	≥0.999 9 得 5 分，≥0.995 且<0.999 9 得 3 分，<0.995 不得分			

续表

<table>
<tr><th>项目（配分）</th><th colspan="2">项目明细（配分）及要求</th><th>配分</th><th>评分细则</th><th>自评</th><th>小组评价</th><th>教师评价</th></tr>
<tr><td rowspan="9">专业能力（80）</td><td>质量控制（5）</td><td>质控范围</td><td>5</td><td>回收率在 80%～120%得 5 分，否则不得分</td><td></td><td></td><td rowspan="9"></td></tr>
<tr><td rowspan="2">报告填写（20）</td><td>填写完整规范性</td><td>10</td><td>完整规范、无涂改得 10 分，涂改一项扣 2 分</td><td></td><td rowspan="2"></td></tr>
<tr><td>无差错</td><td>10</td><td>填写无差错得 10 分，有差错不得分</td><td></td></tr>
<tr><td rowspan="5">工作页（20）</td><td>按时提交</td><td>4</td><td>按时提交 4 分，迟交不得分</td><td></td><td rowspan="5"></td></tr>
<tr><td>书写整齐度</td><td>4</td><td>文字工整、字迹清楚得 4 分</td><td></td></tr>
<tr><td>内容完成程度</td><td>4</td><td>按完成程度分别得 1～4 分</td><td></td></tr>
<tr><td>回答准确率</td><td>4</td><td>视准确率情况分别得 1～4 分</td><td></td></tr>
<tr><td>见解独到性</td><td>4</td><td>视见解独到情况分别得 1～4 分</td><td></td></tr>
<tr><td colspan="5">总分</td><td></td><td></td><td></td></tr>
<tr><td colspan="5">综合得分（加权平均分，自评占 20%，小组评价占 30%，教师评价占 50%）</td><td colspan="3"></td></tr>
<tr><td colspan="4">组长签字：</td><td colspan="4">教师签字：</td></tr>
<tr><td colspan="8">学生对本活动的总体评述（从职业素养、职业能力的提升方面进行评述，分析不足之处并提出改进措施）：</td></tr>
<tr><td colspan="8">教师指导意见：</td></tr>
</table>

学习任务	水质样品无机阴离子 F^-、Cl^-、NO_3^-、NO_2^-、SO_4^{2-}、PO_4^{3-} 指标测定	教学流程	总结拓展
班　　级		姓　　名	

学习活动五　总结拓展

建议学时：12 学时

学习要求：通过本次活动，总结本项目的作业规范和核心技术，并通过同类项目的拓展训练强化所获得的理论知识、专业技能和综合职业素养。工学一体化要求及学时见表 2-5-1。

表 2-5-1　　工学一体化要求及学时

序号	工作步骤	要求	学时	备注
1	撰写项目总结	要求提炼出来的收获、经验有价值，能如实表述分析检测过程中遇到的问题及解决办法	0.5	
2	编制生活污水中无机阴离子 F^-、Cl^-、NO_3^-、NO_2^-、SO_4^{2-}、Br^-指标检测方案	根据检测标准要求编制检测方案，要求条理清晰，具有可操作性	3	
3	生活污水中无机阴离子 F^-、Cl^-、NO_3^-、NO_2^-、SO_4^{2-}、Br^-指标测定	能根据检测方案对样品实施检测，并给出检测报告。检测过程科学、规范，符合 6S 管理要求	8	
4	评价	能对结果的真实性做出合理评价，对检测过程做出客观评价	0.5	

一、项目总结

1. 语言精练，无错别字。
2. 编写内容主要包括学习内容、体会、学习中的优缺点及改进措施。

3. 字数 300 字左右。

二、项目拓展

拓展项目名称：________________________________

1. 任务情景描述。

2. 分析检测原理。

3. 仪器、试剂准备。

（1）编制药品、试剂清单，列出所需药品、试剂，完成表 2-5-2 描述的内容。

表 2-5-2　　药品、试剂清单

序号	药品、试剂名称	规格	所需数量	负责人
1				
2				
3				
4				

续表

序号	药品、试剂名称	规格	所需数量	负责人
5				
6				
7				
8				
9				
10				

（2）编制仪器设备清单，列出所需仪器设备，完成表 2-5-3 描述的内容。

表 2-5-3　仪器设备清单

序号	仪器设备名称	规格	数量	型号	用途	负责人
1						
2						
3						
4						
5						
6						
7						
8						
9						
10						

（3）编制溶液配制清单，完成表 2-5-4 描述的内容。

表 2-5-4　溶液配制清单

序号	溶液名称	配制方法	负责人	数量	浓度	分装瓶数
1						
2						
3						
4						
5						
6						
7						
8						

续表

序号	溶液名称	配制方法	负责人	数量	浓度	分装瓶数
9						
10						

4. 工作过程。

认真阅读作业指导书，梳理该项目的检测方法，编写工作流程，完成表 2-5-5 描述的内容。

表 2-5-5 工作流程

序号	工作流程	主要工作内容	工作要求	完成时间
1				
2				
3				
4				
5				
6				
7				
8				
9				
10				

5. 检测结果与结论。

6. 安全、健康与环保。

填写检测过程中的安全注意事项及防护措施。

三、作业指导书

拓展作业指导书见表 2-5-6。

表 2-5-6　　拓展作业指导书

主题	文件编号：
生活污水中无机阴离子 F^-、Cl^-、NO_3^-、NO_2^-、SO_4^{2-}、Br^-指标测定	共　页　第　页

1. 检测依据及评价标准

2. 检测原理

3. 技术参数

离子	相对标准偏差	相对误差	离子	相对标准偏差	相对误差
F^-			NO_2^-		
Cl^-			SO_4^{2-}		
NO_3^-			Br^-		

加标回收率：

检出限：进样量为 50 μL，最低检测质量浓度分别为 F^- ________ mg/L、Cl^- ________ mg/L、NO_3^- ________ mg/L、NO_2^- ________ mg/L、SO_4^{2-} ________ mg/L、Br^- ________ mg/L。

测定下限：F^- ________ mg/L、Cl^- ________ mg/L、NO_3^- ________ mg/L、NO_2^- ________ mg/L、SO_4^{2-} ________ mg/L、Br^- ________ mg/L。

4. 药品与试剂

实验用水都为去离子水（18.2 MΩ · cm）。在上机检测时，所有溶液经过 0.45 μm 的微孔滤膜过滤。

（1）F^-标准储备溶液（以 F^-计）：________ μg/mL（在失效日期以内使用）。

（2）Cl^-标准储备溶液（以 Cl^-计）：________ μg/mL（在失效日期以内使用）。

（3）NO_3^- 标准储备溶液（以 NO_3^- 计）：________ μg/mL（在失效日期以内使用）。

（4）NO_2^- 标准储备溶液（以 NO_2^- 计）：________ μg/mL（在失效日期以内使用）。

（5）SO_4^{2-} 标准储备溶液（以 SO_4^{2-} 计）：________ μg/mL（在失效日期以内使用）。

（6）Br^-标准储备溶液（以 Br^-计）：________ μg/mL（在失效日期以内使用）。

续表

（7）混合标准使用溶液：F^- ________ μg/mL，Cl^- ________ μg/mL，NO_3^- ________ μg/mL，NO_2^- ________ μg/mL，SO_4^{2-} ________ μg/mL，Br^- ________ μg/mL。

（8）淋洗液为________，浓度为________ mmol/L。

5. 实验器材

（1）

（2）

（3）

（4）

（5）

（6）

（7）

6. 仪器条件

（1）氮气钢瓶压力： 减压输出压力： 淋洗液瓶压力：

（2）泵流量： 泵压：

（3）分离柱型号： 温度：

（4）进样体积：

7. 操作步骤

（1）

（2）

（3）

（4）

（5）

（6）

（7）

（8）

（9）

8. 计算公式

续表

<table>
<tr><td colspan="6">9. 数据记录与处理
计算过程：

计算结果与结论：

10. 6S 管理及实验中意外事件的应急处理

</td></tr>
<tr><td>编写</td><td></td><td>审核</td><td></td><td>批准</td><td></td></tr>
</table>

四、评价

评价建议见表 2-5-7。

表 2-5-7 评价建议

项目（配分）	项目明细（配分）及要求		配分	评分细则	自评	小组评价	教师评价
专业能力（60）	资讯（10）	搜集并整理信息	5	信息全面得 5 分，否则扣 1~4 分			
		全面、完整回答引导问题	5	全面、完整得 5 分，否则扣 1~4 分			
	计划与决策（10）	熟悉检测标准，知识储备充分	2	符合要求得 2 分，否则扣 1~2 分			
		编制药品、试剂清单	2	清单完整得 2 分，否则扣 1~2 分			
		编制仪器设备清单	2	清单完整得 2 分，否则扣 1~2 分			
		编制溶液配制清单	2	清单完整得 2 分，否则扣 1~2 分			
		科学、合理制定检测方案	2	科学、合理得 2 分，否则扣 1~2 分			
	实施（20）	规范使用玻璃仪器	5	规范得 5 分，否则扣 1~4 分			
		规范配制溶液和处理样品	5	规范得 5 分，否则扣 1~4 分			
		规范操作离子色谱仪等设备	5	规范得 5 分，否则扣 1~4 分			
		熟练使用工作站	5	符合要求得 5 分，否则扣 1~4 分			
	过程控制（10）	台面整理	2	台面整洁、无水渍得 2 分，否则扣 1~2 分			
		有效沟通并解决问题	2	及时与他人有效沟通并解决技术难题得 2 分，否则扣 1~2 分			

续表

项目（配分）	项目明细（配分）及要求		配分	评分细则	自评	小组评价	教师评价
专业能力（60）	过程控制（10）	安全与健康	2	关注自身和他人安全与健康得 2 分，否则扣 1~2 分			
		节约	2	注重节约得 2 分，否则扣 1~2 分			
		环保	2	关注环境保护，及时处理废液、废渣得 2 分，否则扣 1~2 分			
	评价反馈（10）	数据记录	2	记录数据及时、无涂改得 2 分，否则扣 1~2 分			
		数据处理与计算	2	处理检测数据、计算检测结果正确得 2 分，否则扣 1~2 分			
		误差是否正确	2	计算相对误差或相对标准偏差正确得 2 分，否则扣 1~2 分			
		结论是否正确	2	检测结论正确得 2 分，否则扣 1~2 分			
		与小组或主管客户沟通情况	2	及时与小组或主管客户沟通得 2 分，否则扣 1~2 分			
社会能力（20）	团结协作（10）	与小组成员合作情况	5	与小组成员合作良好、沟通交流及时得 5 分，否则扣 1~4 分			
		参与程度	5	主动参与，对小组贡献明显得 5 分，否则扣 1~4 分			
	敬业精神（10）	遵纪、守信情况	5	遵守纪律、诚实守信得 5 分，否则扣 1~4 分			

续表

项目（配分）	项目明细（配分）及要求		配分	评分细则	自评	小组评价	教师评价
社会能力（20）	敬业精神（10）	爱岗敬业情况	5	爱岗敬业、吃苦耐劳、科学规范得 5 分，否则扣 1~4 分			
方法能力（20）	计划能力（10）	计划科学、合理	10	符合要求得 10 分，否则扣 1~9 分			
	决策能力（10）	决策正确、合理	10	果断，分工合理，同学们服从安排得 10 分，否则扣 1~9 分			
总分							
综合得分（加权平均分，自评占 20%，小组评价占 30%，教师评价占 50%）							
组长签字：				教师签字：			
学生对本活动的总体评述（从职业素养、职业能力的提升方面进行评述，分析不足之处并提出改进措施）：							
教师指导意见：							

学习任务三

原子吸收分光光度法测定水质样品中铜、锌、铅、镍、铬的含量

任务情景描述

第三方分析检测公司受某城市化工厂委托，对该厂总排口废水样品中的铜、锌与车间排口废水样品中的铅、镍、铬含量进行检测，确定其水质是否符合排放标准，防止环境污染事故发生，并且调整水处理工艺参数，降低处理能耗。第三方分析检测公司技术组将该任务交给我院分析检测中心高级化学检验员，要求 3 天内出具检测报告。

检验员接到任务单和待检样品后，在检测前，查阅检测标准，制定检测方案，准备药品试剂、玻璃仪器及火焰原子吸收分光光度计等仪器设备，用原子吸收分光光度法完成水质样品中铜、锌、铅、镍、铬含量的测定，将确认后的原始记录单依次交给技术人员和授权负责人复核、签字，并将复核后的原始记录报送报告室，作为生成检测报告的依据。

承担该项任务的检验员应遵守实验室管理规定，在确保环境安全和人员安全的前提下，依据检测标准《土壤和沉积物　铜、锌、铅、镍、铬的测定　火焰原子吸收分光光度法》（HJ 491—2019）的规定制定检测方案，准备仪器设备和试剂，实施检测；复核检测结果，提交原始记录，出具检测报告；按照实验室 6S 管理规范清洁、整理实验室，保养仪器设备并填写记录。

学习活动及学时分配

活动序号	学习活动	学时	备注
1	接受任务	4	共 50 学时
2	制定方案	12	
3	实施检测	20	
4	验收交付	4	
5	总结拓展	10	

知识、技能与素养

知识	技能	素养
1. 样品检测委托单内容 2. 检测标准《土壤和沉积物　铜、锌、铅、镍、铬的测定　火焰原子吸收分光光度法》（HJ 491—2019） 3. 样品消解基础知识 4. 原子吸收分光光度法分析理论基础	1. 能正确解读检测标准，制定检测方案 2. 能正确进行样品前处理 3. 能正确选择和配制金属标准储备溶液、中间标准溶液和工作标准溶液等 4. 能正确完成样品消解 5. 能正确绘制原子吸收光路原理图 6. 能正确使用火焰原子吸收分光光度计和工作站完成样品分析	1. 安全意识 2. 环保意识 3. 劳动意识 4. 工匠精神 5. 科学素养 6. 诚实守信 7. 持之以恒 8. 交流沟通

续表

知识	技能	素养
5. 原子吸收分光光度法分析原理 6. 火焰原子吸收分光光度计结构与工作原理 7. 空心阴极灯、火焰原子化器和单色器工作原理 8. 火焰原子吸收分光光度计操作规程	7. 实验过程符合6S管理及健康与环境保护要求	9. 团队精神

学习任务	原子吸收分光光度法测定水质样品中铜、锌、铅、镍、铬的含量	教学流程	接受任务
班　　级		姓　　名	

学习活动一　接受任务

建议学时：4 学时

学习要求： 通过该活动，明确样品检测委托单中的任务及要求，学习原子吸收分光光度法测定水质样品中铜、锌、铅、镍、铬含量的方法，并编写检测任务分析报告。工学一体化要求及学时见表 3-1-1。

表 3-1-1　　工学一体化要求及学时

序号	工作步骤	要求	学时	备注
1	识读任务书	能提取关键词，快速明确任务要求，并清晰表达，能够读懂任务书各项内容	0.5	
2	精读检测标准《土壤和沉积物　铜、锌、铅、镍、铬的测定　光焰原子吸收分光光度法》（HJ 491—2019）及信息页	能从《土壤和沉积物　铜、锌、铅、镍、铬的测定　光焰原子吸收分光光度法》（HJ 491—2019）及信息页中提取所有必要信息，对废水中铜、锌、铅、镍、铬的测定有较全面的认识	2	
3	确定检测方法	能够选择完成任务所需要的方法，并进行时间和工作场所安排，掌握相关理论知识，列出所需试剂和仪器设备		
4	编写检测任务分析报告	逻辑科学合理，思路清晰，语言描述流畅	1	
5	评价	实事求是	0.5	

一、了解样品信息

接收样品并对样品进行简单性状描述，请把下面符合样品性状描述的词汇画上下画线。

透明、不透明、有色、无色、罐装、袋装、散装、液体、固体、气体、有臭味、无臭味。

二、填写样品检测委托单

认真阅读样品检测委托单，填写样品检测委托单位、委托人、委托样品数量、装样容器、样品质量或体积、样品性状、检测项目、样品存放条件、样品存放时间、样品处置方式和报告出具时间等信息。

样品检测委托单见表 3-1-2。

表 3-1-2 样品检测委托单

<table>
<tr><td colspan="6">样品情况</td></tr>
<tr><td>样品名称</td><td colspan="5"></td></tr>
<tr><td>样品形态</td><td colspan="5">□水样 □泥样 □固体样品 □气体样品</td></tr>
<tr><td>样品数量/个</td><td></td><td>装样容器</td><td></td><td>样品质量或体积</td><td></td></tr>
<tr><td>顾客对样品的描述</td><td colspan="5"></td></tr>
<tr><td>样品性状</td><td colspan="5">□浊 □较浊 □较清洁 □清洁 □黑色
□灰色 □其他颜色</td></tr>
<tr><td colspan="6">顾客委托分析检测事项情况记录</td></tr>
<tr><td>检测项目或参数</td><td colspan="5">□铜含量 □锌含量 □铅含量 □镍含量 □铬含量 □金属总量
□其他金属含量______</td></tr>
<tr><td>检测主要参照标准</td><td colspan="5"></td></tr>
<tr><td>检测类别</td><td colspan="5">□咨询性检测 □生产运营性检测 □仲裁性检测 □诉讼性检测</td></tr>
<tr><td>期望完成时间</td><td colspan="5">□普通（15 天之内） □加急（7 天之内） □特急
年 月 日 年 月 日 年 月 日</td></tr>
<tr><td colspan="6">顾客对其样品及报告的处置意见</td></tr>
<tr><td>样品存放及使用后的处置方式</td><td colspan="5">□室温/避光/冷藏（4 ℃）
□检测前可在室温下保存 7 天
□客户回收
□按废弃物立即处理
□按副样保存期限保存 □3 个月 □6 个月 □12 个月 □24 个月</td></tr>
</table>

续表

检测报告 载体形式	□纸质　　□电子文档	检测报告 送达方式	□自取　□普通邮寄 □传真　□电子邮件
顾客名称 （甲方）		单位名称 （乙方）	
地址		地址	
邮政编码		邮政编码	
电话		电话	
传真		传真	
电子邮件		电子邮件	
甲方委托人 （签名）		乙方受理人 （签名）	
委托日期	年　　月　　日	受理日期	年　　月　　日

注：本委托书一式三份，甲方执一份，乙方执两份。甲方委托人和乙方受理人签字后协议生效。

三、编写检测任务分析报告

根据样品检测委托单等信息，编写检测任务分析报告，见表 3-1-3。

表 3-1-3　　检测任务分析报告

序号	项目	名称	备注
1	样品检测委托单位		
2	委托人		
3	委托样品		
4	检验参照标准		
5	检测项目		
6	样品存放条件		
7	样品处置方式		
8	样品存放时间		
9	出具报告时间		
10	出具报告形式		

四、阅读检测标准

阅读检测标准，明确检测方法。

1. 本次检测任务主要参照的检测标准是____。除此以外，还有哪些检测标准，请通过信息检索举例说明。

2. 简述本次检测任务所依据的检测标准中呈现的检测原理。

3. 简述本次检测任务所依据的检测标准中呈现的干扰和消除方法。

4. 根据检测标准中方法检出限、测定下限及样品保存条件和要求，完善表 3-1-4 的内容。

表 3-1-4　　样品保存及检测要求

金属	盛放容器的材质	保存时间/天	方法检出限/(mg/L)	测定下限/(mg/L)
铜				
锌				
铅				
镍				
铬				

5. 请将下列标准溶液的配制按正确顺序排序。

①中间标准溶液　②工作标准溶液　③金属标准储备溶液

排序结果：______________________。

6. 检索抽滤或过滤装置所使用的微孔滤膜信息，完善表 3-1-5。

表 3-1-5　　微孔滤膜信息

微孔滤膜类别	微孔滤膜主要材质	适用范围	微孔孔径/μm
水相微孔滤膜			□0.45 □0.22
有机相微孔滤膜			□0.45 □0.22

7. 实验用的玻璃或塑料器皿应如何处理?

8. 写出检测标准中呈现的铜、锌、铅、镍、铬的特征谱线波长。

9. 若废水中的铜、锌、铅、镍、铬含量超标，会对环境及身体造成哪些影响?

10. 铜、锌、铅、镍、铬等的分析检测结果可在一定程度上反映废水的污染程度，因而废水应进行处理，符合排放标准后方可排放。阅读信息页，写出常用的处理废水中铜、锌、铅、镍、铬的方法。

五、评价

评价建议见表 3-1-6。

表 3-1-6　评价建议

项目（配分）	项目明细（配分）及要求		配分	评分细则	自评	小组评价	教师评价
职业素养（20）	学习纪律（5）	按时到岗，不早退	1	违反一次不得分			
		积极思考并回答问题	2	根据上课统计情况得 1~2 分			
		学习用品准备齐全	1	学习用品齐全得 1 分			
		服从安排	1	不符合要求扣 1 分			
	职业道德（6）	主动与他人合作	2	不主动扣 1 分			
		主动帮助同学	2	不主动扣 1 分			
		仪容仪表规范，举止文雅	2	符合要求得 2 分，其余不得分			
	6S 管理（4）	桌面、地面整洁	2	符合要求得 2 分，其余不得分			
		物品定置管理	2	符合要求得 2 分，其余不得分			
	职业能力（5）	阅读与整理信息	5	能快速阅读、准确理解信息并能清晰表达得 5 分，其余情况酌情得 1~4 分			

续表

项目（配分）	项目明细（配分）及要求		配分	评分细则	自评	小组评价	教师评价
专业能力（80）	识读任务书（20）	理解任务书各项内容	5	完全理解得 5 分，部分理解得 1~4 分，不清楚不得分			
		规范填写任务书内容	5	规范得 5 分，其余情况酌情得 1~4 分			
		选用检测标准合理	5	合理得 5 分，不合理不得分			
		编写检测任务分析报告合理	5	内容全面、无错误得 5 分，其余情况酌情得 1~4 分			
	识读检测标准（40）	读懂检测标准的适用范围	5	全部理解并能叙述得 5 分，其余情况酌情得 1~4 分			
		能描述分析方法原理、器皿处理方法、干扰与消除方法、溶液配制方法	15	文字、语言表述清晰、流畅且无缺项得 15 分，其余情况酌情得 1~14 分，字迹潦草无法阅读不得分			
		特征谱线描述准确	5	描述清晰、流畅、完整得 5 分，其余情况酌情得 1~4 分			
		废水处理符合环境保护要求	15	文字、语言表述清晰、流畅得 15 分，其余情况酌情得 1~14 分，字迹潦草无法阅读不得分			
	工作页（20）	按时提交	4	按时提交得 4 分，迟交不得分			
		书写整齐度	4	文字工整、字迹清楚得 4 分			
		内容完成程度	4	按完成程度分别得 1~4 分			

续表

<table>
<tr><th>项目（配分）</th><th colspan="2">项目明细（配分）及要求</th><th>配分</th><th>评分细则</th><th>自评</th><th>小组评价</th><th>教师评价</th></tr>
<tr><td rowspan="2">专业能力（80）</td><td rowspan="2">工作页（20）</td><td>回答准确率</td><td>4</td><td>视准确率情况分别得 1~4 分</td><td></td><td rowspan="2"></td><td rowspan="2"></td></tr>
<tr><td>见解独到性</td><td>4</td><td>视见解独到情况分别得 1~4 分</td><td></td></tr>
<tr><td colspan="5">总分</td><td></td><td></td><td></td></tr>
<tr><td colspan="5">综合得分（加权平均分，自评占 20%，小组评价占 30%，教师评价占 50%）</td><td colspan="3"></td></tr>
<tr><td colspan="4">组长签字：</td><td colspan="4">教师签字：</td></tr>
<tr><td colspan="8">学生对本活动的总体评述（从职业素养、职业能力的提升方面进行评述，分析不足之处并提出改进措施）：</td></tr>
<tr><td colspan="8">教师指导意见：</td></tr>
</table>

信息页——水体重金属污染的危害及其治理

水体重金属污染主要来源于化工企业或者农药等。根据相关调查，水体重金属污染的元素主要有镉、汞、铅、锌、镍、铬等，存在形式多样，主要通过饮食侵入人体内部，使人体健康受到严重影响，甚至产生金属中毒的现象。相关部门应全面了解水体重金属污染的危害，制定完善的治理策略，保障水体安全。

一、当前水体重金属污染的来源与存在的危害

1. 水体重金属污染的来源

一般来说，水体重金属污染主要是指一些工厂或者企业等排放重金属超标的污水，当这些污水再次进入河流或者水体之中，将严重污染水体环境，甚至造成不可挽回的局面。究其本源在于：其一，一些城市固体废弃垃圾、工业废水、被重金属污染的土壤、居民生活废水等污染物直接排入河流之中，导致水体中积累了大量的悬浮物与沉积物等，重金属含量不断增加；其二，一些并未进行科学处理的过期废旧蓄电池中含有大量的镉、铅等元素，使得水体受到严重污染。

2. 水体重金属污染产生的危害

时代不断发展，城市化进程不断加快，使大多数城市面临水污染问题。重金属进入水体后，无法被水体中的微生物正常降解，也无法通过水体自净作用消除，对水体造成严重的危害。这些危害主要表现在：抑制水生植物的呼吸作用、光合作用等；削弱酶的活性，导致核酸组成发生一定的变化，使水生植物细胞体积缩小，影响其正常生长。同时，重金属污染水体后，会通过饮水或者饮食等方式进入人体内部，导致人体健康甚至生命安全受到严重威胁。

二、关于水体重金属污染修复技术的几点策略

按照重金属的污染情况，主要可以将重金属污染修复技术分为以下几种：

1. 水体重金属物理修复法

物理修复法主要是吸附法。吸附法作为一种传统的重金属废水处理法，运用一些工业废弃物来吸附重金属，有效地减少了处理成本。

2. 水体污染化学防治法

在水体重金属污染中，化学防治法主要分为3种：化学沉淀法、化学电解法与离子还原法（交换法）。化学沉淀法主要是借助于一些化学反应将溶解态的重金属污染物转换为不溶于水的化学沉淀物，所转化出来的重金属沉淀物应该进行科学处理，避免出现二次污染的情况。化学电解法主要是借助于电解法将高浓度污染废水中的金属离子进行抽离，现阶段主要应用于电厂等电镀废水的污染治理中，效果较为显著，能够避免环境污染。离子还原法主要是借助于化学还原剂来还原水体中的重金属，将其变成一种难以污染的化合物，有效降低了重金属在水体中的迁移性，在一定程度上可以降低金属污染危害。而离子交换法主要是借助于金属离子交换剂来交换污染水体中的重金属，将重金属抽离出来，达到水体治理的目的。

3. 水体污染生物修复法

现阶段，生物修复法作为一种广泛应用的修复手段，受到了世界各国的高度关注。根据修复中用到的生物不同，生物修复法主要分为3种。其一，植物修复法，主要是运用植物去除重金属元素，或者运用有机物质的特殊富集与降解能力来抽离环境中的污染物，达到环境治理与生态修复的最终目的；其二，动物修复法，主要是借助于一些特定的鱼类或者水生物种来吸收或者富集水中的重金属，并将它们直接排出水外，实现重金属污染治理；其三，微生物修复法，主要是运用微生物实现对重金属的固定和形态的转化，进而实现修复与治理。

4. 水体重金属膜分离技术法

这一方法主要是利用外界能量差，运用一种特殊化的薄膜来对水体溶液进行选择性过滤。这种方法可以对水体实现分离、提纯、分级以及富集等。膜分离技术法主要包括渗析、反渗透、微滤、纳滤、电渗析法等。在这些方法之中，电渗析膜技术法主要包含一个阳离子交换膜，运用直流电场对水体中的重金属进行分离透析，实现水体的修复。

综上所述，对于水体重金属污染的处理，方法多样，各有优势与劣势。因此，在处理废水的过程中，为了契合环保的要求，应该立足于实际情况，选取合理的方法。从可持续发展的角度来说，我国侧重于以生物修复法作为最佳方法，这也是科研的重要方向。无论如何，只有治理水体重金属污染，保障水体安全，才能够确保人类的身体健康与生命安全。

学习任务	原子吸收分光光度法测定水质样品中铜、锌、铅、镍、铬的含量	教学流程	制定方案
班　　级		姓　　名	

学习活动二　制定方案

建议学时：12 学时

学习要求： 掌握原子吸收分光光度法必备知识。通过认真阅读《土壤和沉积物　铜、锌、铅、镍、铬的测定　火焰原子吸收分光光度法》（HJ 491—2019）和信息页，编制工作流程，编制试剂、仪器设备清单和溶液配制清单，完成废水样品中铜、锌、铅、镍、铬检测方案的制定和决策。工学一体化要求及学时见表 3-2-1。

表 3-2-1　　工学一体化要求及学时

序号	工作步骤	要求	学时	备注
1	解读检测标准	1. 熟悉检测标准规定的使用方法的检测原理 2. 明确检测标准规定的使用方法的检测流程 3. 明确检测标准规定的使用方法的使用范围和注意事项	4	
2	编写检测流程表	流程表应符合项目检测要求	1	
3	编制试剂、仪器设备清单	试剂、仪器设备清单完整，满足水质样品中铜、锌、铅、镍、铬含量检测实验进程和客户需求	1	
4	编制溶液配制清单	溶液配制清单完整，满足水质样品中铜、锌、铅、镍、铬含量检测实验进程和客户需求	2.5	
5	编制检测方案	检测方案描述清晰，设计合理，检验指标符合客户要求，检测方法符合国家标准或环境保护检测部门的要求。仪器设备、试剂应与清单罗列项目一一对应	3	

续表

序号	工作步骤	要求	学时	备注
6	评价	方案科学合理，具有可操作性	0.5	

一、知识准备

通过阅读信息页和查阅有关资料，完成下列知识准备。

1. 原子核外的电子按其能量的高低分层________，具有不同的能级，因此，一个原子可以具有多种能级状态。在正常状态下，原子处于________能级状态（最稳定状态），称为________。当原子受到外界激发时，其外层电子吸收一定能量后可跃迁到不同能级状态，其中，能量最低的激发态称为________，用 E_1 表示。

2. 已知 Na 原子由基态激发到第一激发态和激发到第二激发态分别要吸收 2.2 eV 和 3.6 eV 的能量，试利用公式

$$\Delta E = h\gamma = h\frac{c}{\lambda}$$

计算第一特征谱线和第二特征谱线（次特征谱线）的波长，单位为 nm。

已知 1 eV $=1.602\times10^{-19}$ J，$h=6.626\times10^{-34}$ J·s，$c=3\times10^{10}$ cm/s。

3. 某物质（$M=323.15$ g/mol）的水溶液，在 278 nm 处有最大吸收。设用纯品配制 100 mL 含 2.00 mg 该物质的溶液，以 1 cm 吸收池，在 278 nm 处测得吸光度为 0.614，试用朗伯—比尔定律 $A=\varepsilon bc$ 计算其摩尔吸光系数（ε），单位为 L/(mol·cm)。

4. 火焰原子吸收分光光度计按光束类型可分为________和________。

5. 火焰原子吸收分光光度计主要由________、________、________和________ 4 个部分组成。

6. 空心阴极灯发射所需特征谱线的阴极室内壁涂有________金属，硬质玻璃管内充有________帕的惰性气体________或________。

7. 在火焰原子吸收分光光度计中，原子化器的作用是____，最常用的火焰类型是________________________。

二、编制工作流程

认真梳理该项目的检测方法，编制工作流程，完成表 3-2-2 描述的内容。

表 3-2-2　　工作流程

序号	工作流程	主要工作内容	工作要求	完成时间
1				
2				
3				
4				
5				
6				
7				
8				
9				
10				

三、编制准备清单

编制试剂、仪器设备、溶液配制清单。

1. 根据检测任务，完成表 3-2-3 描述的内容，列出所需药品、试剂。

表 3-2-3　　药品、试剂清单

序号	药品、试剂名称	规格	所需数量	负责人
1				
2				
3				
4				

续表

序号	药品、试剂名称	规格	所需数量	负责人
5				
6				
7				
8				
9				
10				

2. 根据检测任务，完成表 3-2-4 描述的内容，列出所需仪器设备。

表 3-2-4　　仪器设备清单

序号	仪器设备名称	规格	数量	型号	用途	负责人
1						
2						
3						
4						
5						
6						
7						
8						
9						
10						

3. 根据检测任务，完成表 3-2-5 描述的内容，填写溶液配制清单。

表 3-2-5　　溶液配制清单

序号	溶液名称	配制方法	负责人	数量	浓度	分装瓶数
1						
2						
3						
4						
5						
6						

续表

序号	溶液名称	配制方法	负责人	数量	浓度	分装瓶数
7						
8						
9						
10						

四、问题与思考

1. 制定本检测方案依据的检测标准是什么？

2. 实验中用到了哪两种规格的硝酸配制硝酸溶液，为什么使用不同规格的硝酸？

3. 分别简述硝酸、高氯酸的安全使用注意事项，并写出应急处理措施。

4. 将绘制标准曲线所用标准系列工作溶液的质量浓度填写在表 3-2-6 中。

称取__________g 光谱纯金属，准确到 0.000 1 g，用__________规格硝酸溶解，必要时加热，直至溶解完全，然后用水吸收定容至__________ mL，此溶液为金属标准储备溶液。用________浓度硝酸溶液稀释金属标准储备溶液，得到中间标准溶液，此溶液中铜、锌、铅、镍、铬的浓度分别为__________、__________、__________、__________、__________mg/L。

表 3-2-6　　标准系列工作溶液质量浓度

金属	工作标准溶液质量浓度/(mg/L)	中间标准溶液加入体积/mL
铜		
锌		
铅		

续表

金属	工作标准溶液质量浓度/(mg/L)	中间标准溶液加入体积/mL
镍		
铬		

写出计算过程：

五、评价

评价建议见表3-2-7。

表3-2-7　　评价建议

项目（配分）	项目明细（配分）及要求		配分	评分细则	自评	小组评价	教师评价
职业素养（20）	学习纪律（5）	按时到岗，不早退	1	违反一次不得分			
		积极思考并回答问题	2	根据上课统计情况得1~2分			
		学习用品准备齐全	1	学习用品齐全得1分			
		服从安排	1	不符合要求扣1分			
	职业道德（6）	主动与他人合作	2	不主动扣1分			
		主动帮助同学	2	不主动扣1分			
		仪容仪表规范，举止文雅	2	符合要求得2分，其余不得分			
	6S管理（4）	桌面、地面整洁	2	符合要求得2分，其余不得分			
		物品定置管理	2	符合要求得2分，其余不得分			
	职业能力（5）	阅读与整理信息	3	阅读能力强、信息把握准确得3分，其余情况酌情得1~2分			
		交流沟通、计划决策	2	有效沟通、计划决策合理得2分，错误不得分			
		创新能力（加分项）	5	有创新，观情况加1~5分			

续表

项目（配分）	项目明细（配分）及要求		配分	评分细则	自评	小组评价	教师评价
专业能力（80）	时间安排（10）	时间分配要求	10	时间安排合理，规定时间内完成方案制定与决策得 10 分，其余情况酌情得 1~9 分			
	检测依据（10）	检测标准合理性	5	依据的检测标准科学合理得 5 分，不合理不得分			
		参考资料	5	收集的参考资料对完成任务有帮助得 1~5 分，否则不得分			
	检测流程（10）	检测流程情况	10	内容完整、顺序正确得 10 分，缺一项扣 1 分，错误不得分			
	药品试剂（10）	药品、试剂清单及溶液配制清单	10	完整、正确得 10 分，错漏一项扣 1 分			
	仪器设备（10）	仪器设备清单	10	完整、正确得 10 分，错漏一项扣 1 分			
	人员安排（5）	计划制订和工作过程人员安排	5	计划制订和工作过程人员安排合理，分工明确得 5 分，错漏一项扣 1 分			
	安全环保（5）	健康、安全、环保	5	方案关注健康、安全、环保得 5 分，其余情况酌情得 1~4 分			
	工作页（20）	按时提交	4	按时提交得 4 分，迟交不得分			
		书写整齐度	4	文字工整、字迹清楚得 4 分			
		内容完成程度	4	按完成程度分别得 1~4 分			

续表

项目（配分）	项目明细（配分）及要求		配分	评分细则	自评	小组评价	教师评价
专业能力（80）	工作页（20）	回答准确率	4	视准确率情况分别得1~4分			
		见解独到性	4	视见解独到情况分别得1~4分			
总分							
综合得分（加权平均分，自评占20%，小组评价占30%，教师评价占50%）							
组长签字：				教师签字：			
学生对本活动的总体评述（从职业素养、职业能力的提升方面进行评述，分析不足之处并提出改进措施）：							
教师指导意见：							

信息页——原子吸收光谱分析

一、原子吸收光谱分析概述

原子核外的电子按其能量的高低分层排布，具有不同的能级，因此，一个原子可以具有多种能级状态。在正常状态下，原子处于最低能级状态（最稳定状态），称为基态 E_0。基态原子受到外界激发时，其外层电子吸收一定能量后可跃迁到不同能级状态，其中，能量最低的激发态称为第一激发态 E_1。如图 3-2-1 所示，电子通过 a 激发跃迁到 E_1 状态就是第一激发态。

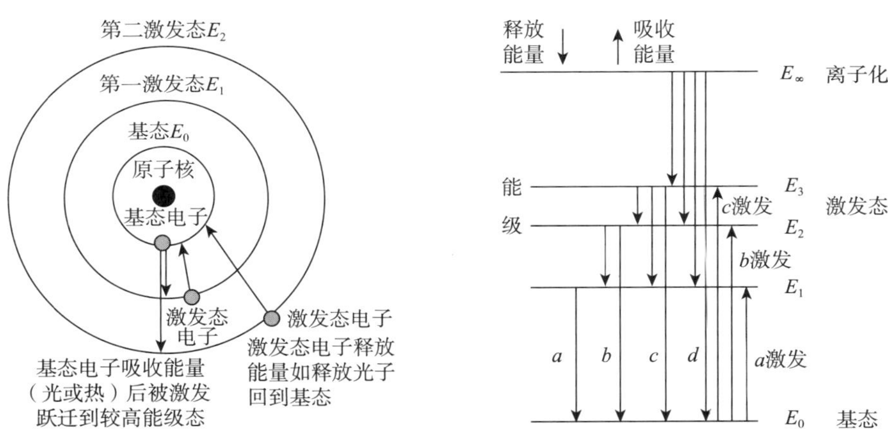

图 3-2-1　特征谱线

原子的核外电子吸收一定频率的能量，从基态跃迁到激发态所产生的光谱称为吸收光谱；原子的核外电子从激发态返回基态释放能量所产生的光谱称为发射光谱。由于基态和第一激发态之间的跃迁所需能量最低，最容易发生，对应的谱线称为共振吸收谱线和共振发射谱线，统称共振线。不同元素原子的结构和外层电子排布各不相同，因此不同元素原子的共振线也各不相同，各有特征。每一种元素的共振线又称为特征谱线。特征谱线是原子光谱分析最常用的分析线。如果测定元素的浓度较高或样品中存在邻近谱线的干扰，也可选用灵敏度较低的非共振谱线作为分析线。分析谱线的能量可用公式

$$\Delta E = h\gamma = h\frac{c}{\lambda}$$

计算。

式中 ΔE——两种状态的能量差，eV（1 eV＝1.602×10^{-19} J）；

h——普朗克常量，6.626×10^{-34} J · s；

γ——谱线的频率，Hz；

λ——波长，nm；

c——光速（3×10^{10} cm/s）。

利用原子吸收或发射光谱形成原子吸收光谱（AAS）分析、原子发射光谱（AES）分析和原子荧光光谱（AFS）分析 3 种技术。其中，原子吸收光谱分析方法中各元素的常用分析谱线见表 3-2-8。

表 3-2-8　原子吸收光谱分析方法中各元素的常用分析谱线　单位：nm

元素	灵敏线	次灵敏线	元素	灵敏线	次灵敏线	元素	灵敏线	次灵敏线	元素	灵敏线	次灵敏线
Ag	328.068	338.289	Fe	248.327	208.412	Na	588.995	330.232	Sm	429.674	476.027
Al	309.271	308.216	Ga	287.424	294.418	Nb	334.371	334.906	Sn	224.605	235.443
As	188.990	193.696	Gd	368.413	371.357	Nd	463.424	468.35	Sr	460.733	242.810
Au	242.795	267.595	Ge	265.158	259.254	Ni	232.003	231.096	Ta	271.467	255.943
B	249.678	249.773	Hf	307.288	286.637	Os	290.906	305.866	Tb	432.647	390.135
Ba	553.548	270.263	Hg	184.957*	253.652	Pb	216.999	202.202	Te	214.275	225.904
Be	234.861	313.042	Ho	410.384	405.393	Pd	247.642	244.791	Ti	364.268	319.990
Bi	223.061	206.170	In	303.936	256.015	Pr	495.136	491.403	Tl	276.787	231.598
Ca	422.673	239.356	Ir	263.971	263.942	Pt	265.945	214.423	U	351.463	355.082
Co	240.725	242.493	K	766.491	404.414	Rb	789.023	420.185	V	318.398	382.856
Cr	357.869	359.349	La	550.134	357.443	Re	346.046	345.188	W	255.135	265.654
Cs	852.110	894.350	Li	670.784	274.120	Rh	343.489	339.685	Y	407.738	410.238
Cu	324.754	216.509	Lu	335.956	308.147	Ru	349.894	372.803	Yb	398.799	266.449
Dy	421.172	419.485	Mg	385.213	279.553	Sc	391.181	326.991	Zn	213.856	202.551
Er	400.797	415.110	Mn	279.482	222.183	Se	196.090	203.985	Zr	360.119	301.175
Eu	459.403	311.143	Mo	313.259	317.035	Si	251.612	250.690			

注：①此表只列举了各元素一条次灵敏线。

②带有 * 者为真空紫外线，通常条件下不能应用。

随着原子吸收光谱分析技术的发展，原子吸收光谱分析的灵敏度显著提高，从含量为 10^{-6} 级（mg/L）提升到 10^{-12} 级（ng/L）。

原子吸收符合朗伯—比尔定律。图 3-2-2 是典型的火焰原子吸收分析光谱示意图。

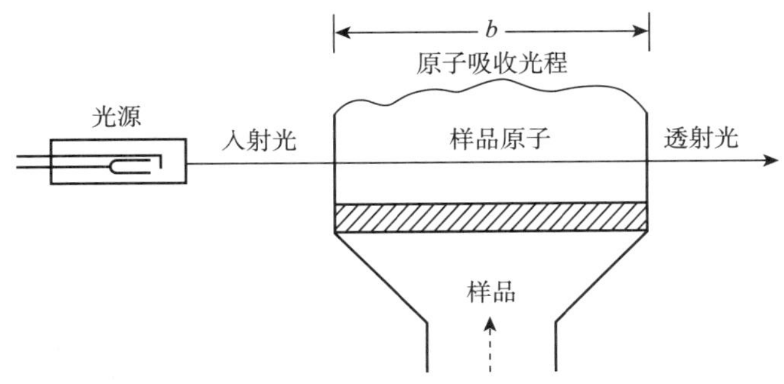

图 3-2-2　火焰原子吸收分析光谱示意图

二、火焰原子吸收分光光度计的结构

火焰原子吸收分光光度计主要由光源、原子化器、单色器、检测系统 4 个部分组成。

火焰原子吸收分光光度计按光束分可分为单光束和双光束原子吸收分光光度计，如图 3-2-3 所示。

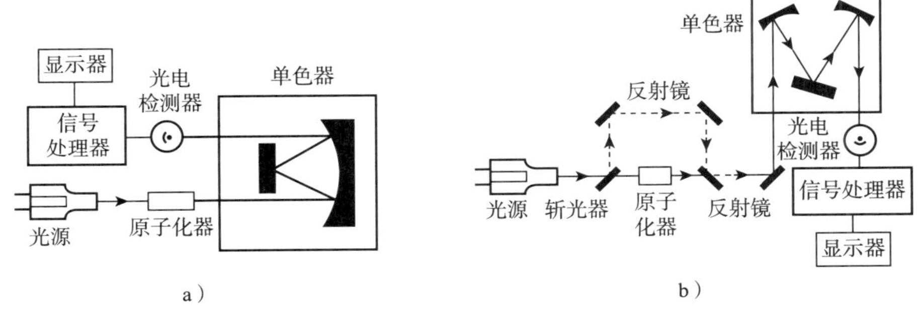

图 3-2-3　火焰原子吸收分光光度计

a）单光束原子吸收分光光度计　b）双光束原子吸收分光光度计

双光束原子吸收分光光度计通过斩光器把光分成两部分，其中一部分光不通过原子化器，而是作为参比光，以消除光源不稳定产生的测量误差，从而提高仪器检测数据的重现性和可靠性。目前生产的火焰原子吸收分光光度计一般为双光束仪器，带有数据处理和仪器控制工作站，性能大幅提升。

1. 光源

光源的作用是发射待测元素基态原子吸收所需的特征谱线，供测量用。光源发出的谱线应是波长宽度非常窄、能量大、稳定、寿命长的锐线光谱。火焰原子吸收分光光度计广泛使用的光源常常是空心阴极灯。空心阴极灯又称元素灯，其构造如图 3-2-4 所示。它由一个在钨棒上镶钛丝或钽片的阳极和一个由发射所需特征谱线的金属或合金制成的空心筒状阴极组成。阴极和阳极封闭在带有光学窗口的硬质玻璃管内，管内充有几百帕的惰性气体（氖或氩），在电场作用下产生阳离子撞击阴极，使阴极材料发光并辐射出特征频率的锐线光谱。为了保证光源仅发射频率范围很窄的锐线，要求阴极材料具有很高的纯度。

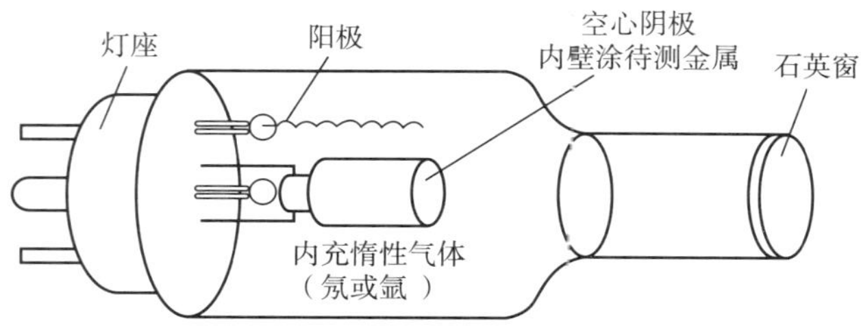

图 3-2-4　空心阴极灯构造

2. 原子化器

原子化器将试样中待测元素变成气态的基态原子。

火焰原子化是最常用的原子化方法。火焰原子化器先将试样溶液变成细小雾滴（即雾化阶段），然后使雾滴接受火焰供给的能量形成基态原子（即原子化阶段）。火焰原子化器由喷雾器、雾化器和燃烧器 3 个部分组成，其结构如图 3-2-5 所示。

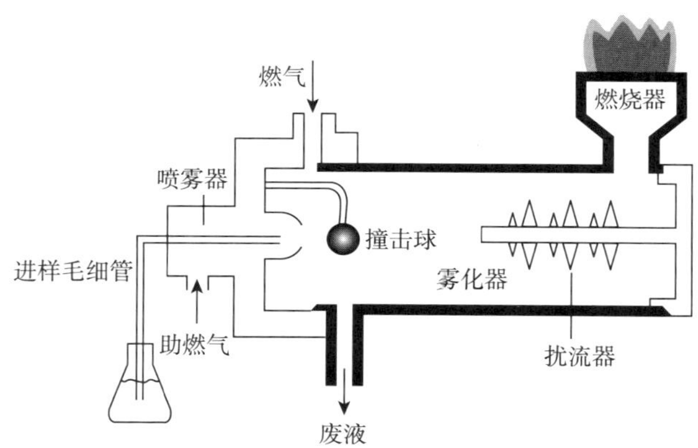

图 3-2-5　火焰原子化器结构

燃烧器的作用是使燃气在助燃气的作用下形成火焰，使进入火焰的试样微粒原子化。不同的燃气和助燃气组合，有不同的火焰温度，表 3-2-9 列出了常见火焰的种类和燃烧温度以及用途。

表 3-2-9　　　　常见火焰的种类和燃烧温度以及用途

火焰种类	最高温度/K	用途
空气—乙炔	2 600	用途最广泛的火焰，可用于测定35种以上的元素，但对Al、Ta、Ti、Zr等不宜使用
空气—氢气	2 300	适用于确定易电离的金属元素，如As、Se和Sn等元素，特别适用于共振线位于远紫外区的元素
一氧化二氮—乙炔	3 300	强还原性火焰，用于测定Al、B、Be、Ta、Ti、Zr、W、Si等70种元素，需要注意安全
空气—煤气	2 200	适用于分析易挥发、易解离的元素，如碱金属、Cd、Cu、Pb、Ag、Zn、Au、Hg等

3. 单色器

单色器的作用是将待测元素的吸收线与邻近谱线分开，取出需要的分析线。单色器由入射狭缝、出射狭缝和色散元件棱镜或光栅组成。常用的分光元件是光栅，通过驱动精密电机转动光栅，取出需要的分析线送达检测系统。

4. 检测系统

检测系统由光电转换元件、信号放大器和显示装置等组成。

光电转换元件一般采用光电倍增管，其作用是将单色器取出的微弱光信号转换为电信号。

信号放大器的作用是将光电倍增管输出的电信号放大后送入显示装置。

显示装置将放大器放大后的信号经模数转换器转换成吸光度信号，再通过数字显示器显示。

国内外商品化的火焰原子吸收分光光度计几乎都配备了工作站，具有自动调零、曲线校直、浓度直读、标尺扩展、自动增益等功能，利用自动进样器大大提高了仪器使用效率。

学习任务	原子吸收分光光度法测定水质样品中铜、锌、铅、镍、铬的含量	教学流程	实施检测
班　　级		姓　　名	

学习活动三　实施检测

建议学时：20 学时

学习要求： 通过认真阅读《土壤和沉积物　铜、锌、铅、镍、铬的测定　火焰原子吸收分光光度法》（HJ 491—2019）和信息页，已完成水质样品中铜、锌、铅、镍、铬含量测定前的准备工作，制定了检测方案。现要求能正确配制符合浓度要求的试剂溶液，熟悉和规范使用仪器设备，选择、设置合适的分析参数，按检测方案进行样品检测，记录原始数据，分析、处理数据，得出实验结论。检测过程必须严谨、科学、规范，检测现场符合 6S 管理要求，数据记录与处理必须诚实守信，不弄虚作假。工学一体化要求及学时见表 3-3-1。

表 3-3-1　　工学一体化要求及学时

序号	工作步骤	要求	学时	备注
1	安全警示	遵守实验室管理制度，规范操作	0.5	
2	准备仪器设备	按照仪器设备操作规程，正确操作仪器设备，并对仪器设备状态进行准确判断。能写出仪器设备的使用要求，规范操作玻璃仪器和火焰原子吸收分光光度计	3	
3	配制溶液	正确配制试剂溶液，及时、准确记录原始数据，正确计算浓度。现场符合 6S 管理要求	2	
4	方法验证	能根据方法验证要求，对方法进行验证，并判断方法是否可靠	2	

续表

序号	工作步骤	要求	学时	备注
5	样品预处理	样品保存符合要求，预处理方法选择正确	4	
6	检测样品	严格按检测方案实施检测，及时报告出现的问题并协商解决办法	8	
7	评价	严格按检测方案实施评价	0.5	

一、安全注意事项

原子吸收光谱分析中经常接触电气设备、高压钢瓶、明火等，因此应时刻注意安全，掌握必要的电气安全常识、急救知识、灭火器的使用等。请你查阅相关资料回答下列问题。

1. 请结合本项目，梳理工学过程中的安全注意事项。应分别采取什么防范措施？

2. 实验过程中如发生乙炔气体泄漏、停电等紧急情况，合理的处理方法是什么？

3. 乙炔也被称为“风媒”，其在室温下是没有颜色的气体，极容易发生燃烧。因此，在乙炔瓶周边不能摆放各种易燃易爆的物品，以免引发乙炔燃烧，带来不必要的麻烦。乙炔气体在点燃前要注意什么？如果乙炔着火，应该采取哪种灭火方式？

二、配制溶液

1. 查阅相关资料，完成铜标准储备溶液的配制，并做好原始记录，填写表 3-3-2。

表 3-3-2　铜标准储备溶液配制

	采用的药品	试剂纯度等级	配制方法
质量浓度（1 000 mg/L）	纯铜	________	称量________g，定容至________L
	$CuSO_4 \cdot 5H_2O$	优级纯	称量________g，定容至________L

组长确认签字：__________　时间：__________

2. 查阅相关资料，完成锌标准储备溶液的配制，并做好原始记录，填写表 3-3-3。

表 3-3-3　锌标准储备溶液配制

	采用的药品	试剂纯度等级	配制方法
质量浓度（1 000 mg/L）	纯锌	________	称量________g，定容至________L
	$ZnSO_4$	优级纯	称量________g，定容至________L

组长确认签字：__________　时间：__________

3. 查阅相关资料，完成铅标准储备溶液的配制．并做好原始记录，填写表 3-3-4。

表 3-3-4　铅标准储备溶液配制

	采用的药品	试剂纯度等级	配制方法
质量浓度（1 000 mg/L）	纯铅	________	称量________g，定容至________L
	$Pb(NO_3)_2$	优级纯	称量________g，定容至________L
	PbO	优级纯	称量________g，定容至________L
	$PbCO_3$	优级纯	称量________g，定容至________L

组长确认签字：__________　时间：__________

4. 查阅相关资料，完成镍标准储备溶液的配制，并做好原始记录，填写表 3-3-5。

表 3-3-5　镍标准储备溶液配制

	采用的药品	试剂纯度等级	配制方法
质量浓度（1 000 mg/L）	纯镍	________	称量________g，定容至________L
	$Ni(NO_3)_2$	优级纯	称量________g，定容至________L

组长确认签字：__________　时间：__________

5. 查阅相关资料，完成铬标准储备溶液的配制，并做好原始记录，填写表3-3-6。

表3-3-6 铬标准储备溶液配制

	采用的药品	试剂纯度等级	配制方法
质量浓度（1 000 mg/L）	纯铬	________	称量________g，定容至________L
	$K_2Cr_2O_7$	优级纯	称量________g，定容至________L

组长确认签字：__________ 时间：__________

6. 完成工作标准溶液的配制并记录配制过程，将有关数据信息记录在表3-3-7中。

表3-3-7 工作标准溶液浓度

容量瓶编号	铜工作标准溶液质量浓度/(mg/L)	吸取中间标准溶液的体积/mL	锌工作标准溶液质量浓度/(mg/L)	吸取中间标准溶液的体积/mL	铅工作标准溶液质量浓度/(mg/L)	吸取中间标准溶液的体积/mL	镍工作标准溶液质量浓度/(mg/L)	吸取中间标准溶液的体积/mL	铬工作标准溶液质量浓度/(mg/L)	吸取中间标准溶液的体积/mL	定容体积/mL
1											
2											
3											
4											
5											

组长确认签字：__________ 时间：__________

记录配制过程：

(1) ____

____

(2) ____

____

(3) ____

____

(4) ____

____

(5) ____

____

你的小组在配制过程中遇到的异常现象及处理方法：

(1) ____

____

（2）______________________________

____

（3）______________________________

____

（4）______________________________

____

（5）______________________________

____

三、试样的制备

在进行环境样品（水样、土壤样品、固体废弃物和大气采样时截留下来的颗粒物等）中的无机元素测定时，需要对环境样品进行消解处理。消解的方法很多，有在密闭系统中的，也有在开放系统中的；有在高压下操作的，也有在常压下操作的；有用无机酸碱试剂的，也有用有机溶剂的。这些方法各有其特点，应根据样品的待测元素以及实验设备等选用。请阅读信息页并查阅相关资料，回答下列问题。

1. 在水质样品金属元素检测中，什么是溶解的金属，什么是金属总量？

2. 什么是样品消解？分析检测中会遇到各种水质样品，哪些水质样品需要进行消解，哪些水质样品不需要进行消解？

3. 阅读信息页和进行相关信息检索，列举常用的消解方法。

4. 样品前处理中，你选择的消解方法是什么？选择的原因是什么？写出其优势。

5. 写出样品前处理过程，并详细描述前处理过程中的实验现象。

6. 使用电热板消解时，如何判断消解是否完全？

7. 写出消解的安全注意事项。

四、熟悉仪器

认识仪器，确认仪器状态。

1. 请根据实验室仪器和仪器操作手册熟悉仪器。某火焰原子吸收分光光度计如图 3-3-1 所示，将仪器主要部件填在表 3-3-8 中。

图 3-3-1 火焰原子吸收分光光度计

表 3-3-8 火焰原子吸收分光光度计部件名称及作用

代号	名称	作用	组成或种类
A			
B			
C	光学系统		
D	检测系统		

2. 常用火焰原子吸收分光光度计组成如图 3-3-2 所示。请将图中所有的英文单词翻译成对应的汉语，完成表 3-3-9 的内容。

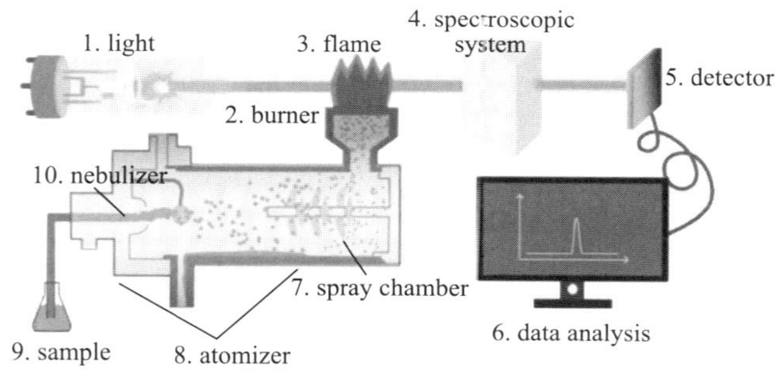

图 3-3-2 火焰原子吸收分光光度计组成

表 3-3-9 火焰原子吸收分光光度计结构英汉对照表

序号	英文单词（组）	中文	序号	英文单词（组）	中文
1			6		
2			7		
3			8		
4			9		
5			10		

3. 火焰原子吸收光谱分析流程如图 3-3-3 所示。试液经吸样毛细管吸入原子化器，在高速气流作用下喷射成细雾与燃气混合后进入燃烧的火焰中，被测元素在火焰中转化为原子蒸气。气态的基态原子吸收从光源发射出的与被测元素吸收波长相同的特征谱线，使该谱线的强度减弱，再经分光系统分光后，由检测器接收，产生的电信号经放大器放大，由显示系统显示吸光度或光谱图。回答下列问题：

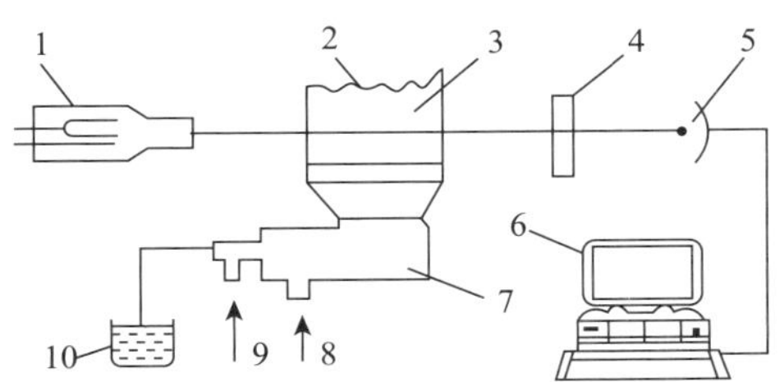

图 3-3-3　火焰原子吸收光谱分析流程

________（10）经进样管→________助燃气/空气________（9）→________（8）→在________（7）中原子化→________（2）→________（3）吸收来自________（1）的特征辐射→________（4）→________（5）→________（6）。

4. 光源

光源是火焰原子吸收光谱分析的重要组成部分，种类有________、________、________和________。空心阴极灯结构如图 3-3-4 所示，请写出图中数字代表的结构。

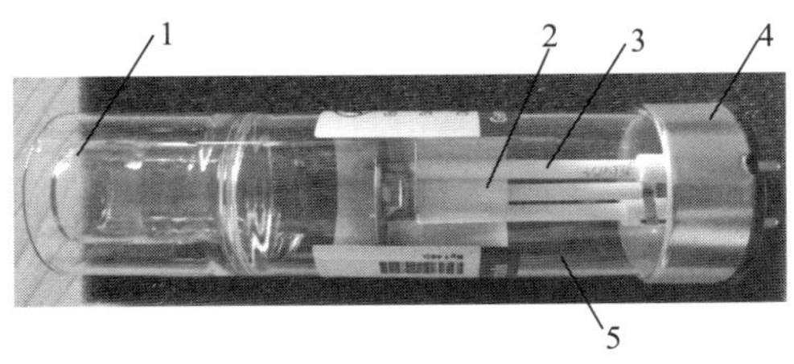

图 3-3-4　空心阴极灯结构

（1）________；（2）________；（3）________；（4）________；（5）________。

空心阴极灯的放电一般包括自由原子溅射、阳离子撞击阴极、原子激发、两极加电压、气体电离、惰性气体辉光放电、发射特征光谱几个步骤，写出你认为正确的步骤顺序。

____

____

5. 原子化系统

原子化器的作用是________________________________。火焰原子化法是通

过________________________________使试样转化为气态原子。火焰原子化器主要包括________、________和________3 部分。图 3-3-5 所示为预混合型燃烧器。根据图 3-3-5，回答下列问题。

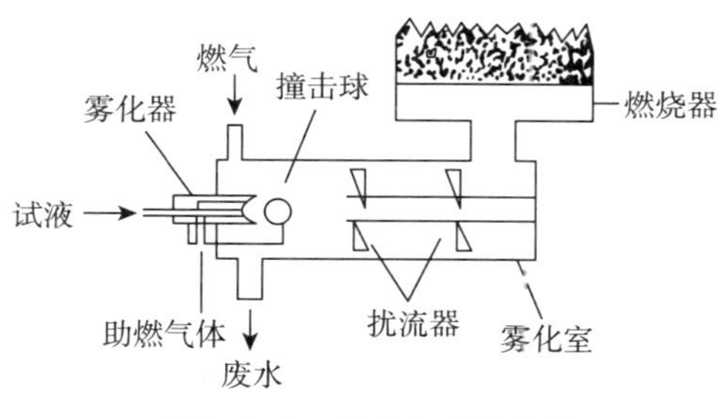

图 3-3-5　预混合型燃烧器

（1）雾化器是火焰原子化器中的重要部件，如图 3-3-6 所示，其作用是将试液变成________。雾粒越________越________，在火焰中生成的基态自由原子就越多。目前，应用最广的是________型雾化器。喷雾器喷出的雾滴碰到撞击球上，可产生进一步细化作用。生成的雾滴粒度和试液的吸入率，直接影响测定的灵敏度、精密度和化学干扰的大小。

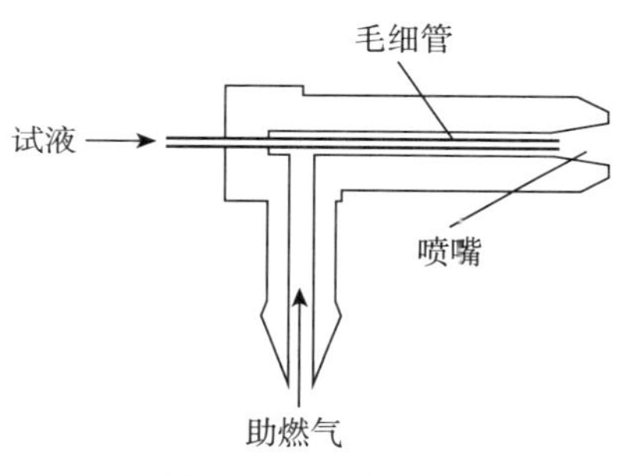

图 3-3-6　雾化器

（2）雾化室的作用主要是____________，其中的扰流器可使雾滴变细，同时可以阻挡大的雾滴进入火焰。

（3）试液的__________雾滴与__________在雾化室充分预混合后，进入燃烧器________，在火焰中经过________、________、________和________等过程后，产生大量的________自由原子及少量的激发态原子、离子和分子。常用的燃烧器有两种，即单缝燃烧器和三缝燃烧器。单缝燃烧器产生的火焰较窄，使部分光束在火焰周围通过而未能被吸收，从而使测量灵敏度降低，校正曲线变弯。三缝燃烧器的缝宽较大，产生的原子蒸气能将光源发出的光束完全包围，外侧缝隙还可以起到屏蔽火焰的作用，避免来自大气的污染物。因此，三缝燃烧器比单缝燃烧器稳定。

（4）火焰的特性。燃烧器火焰的作用是将待测物质分解为基态自由原子。依据燃料气体与助燃气体的比例不同，火焰可分为3类：化学计量火焰、富燃火焰、贫燃火焰，请写出它们的特点。

1）化学计量火焰：____。

2）富燃火焰：____。

3）贫燃火焰：____。

火焰燃烧如图3-3-7所示，火焰分为焰心（发射强的分子带和自由基，很少用于分析）、内焰（基态原子最多，为分析区）和外焰（火焰内部生成的氧化物扩散至该区并进入环境）。

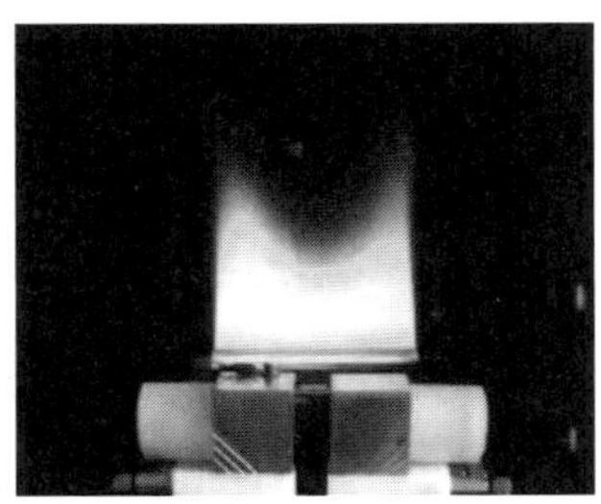

图3-3-7　火焰燃烧示意图

燃烧速度是指混合气着火点向其他部分的传播速度。当供气速度大于燃烧速度时，火焰稳定。但供气速度过大将导致火焰不稳或吹熄火焰，过小则可能造成回火。表3-3-10是几种常用火焰的燃烧特性。

表3-3-10　　几种常用火焰的燃烧特性

燃气	助燃气	最高燃烧速度/($cm \cdot s^{-1}$)	最高火焰温度/K
乙炔	空气	160	2 600
乙炔	氧气	1 140	3 160
乙炔	一氧化二氮	160	3 300
氢气	空气	310	2 300
氢气	氧气	1 400	2 933
氢气	一氧化二氮	390	2 880
丙烷	空气	82	2 198

火焰原子吸收分光光度法测定铜、锌、铅，你认为应选________火焰。

6. 光学系统最重要的部件是单色器，主要由________、________和________组成，其作用是____________________。

在火焰原子吸收分光光度计中，单色器通常位于火焰之后，这样可分掉火焰的杂散光。锐线光源的谱线简单，故对单色器的色散率要求不高。

7. 常用______________作为检测器，要求工作电源的稳定性好，应避免使用大的工作电压，避免入射光强度较________或照射时间较________，否则会引起光电流的衰减，这种现象称为疲劳现象。有些疲劳是不可逆的，会加速元器件老化。

五、检测过程

1. 请认真阅读火焰原子吸收分光光度计操作规程，完成开机前准备。

（1）空心阴极灯安装步骤如图 3-3-8 所示，请在图下填写安装步骤编号。

a——将空心阴极灯装入灯室，并记住位置编号。

b——将空心阴极灯灯脚的凸出部分对准灯座的凹槽并插入。

c——扣好弹簧夹，固定空心阴极灯。

d——盖好灯室门。

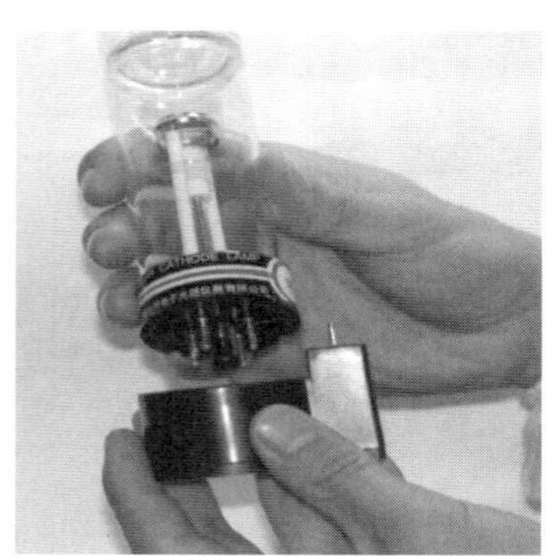

编号：________________

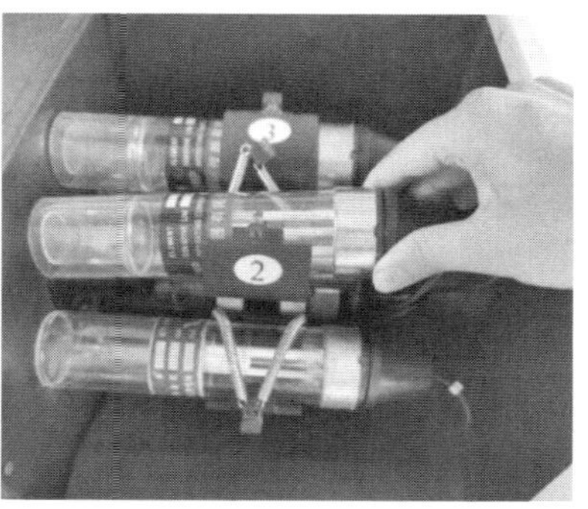

编号：________________

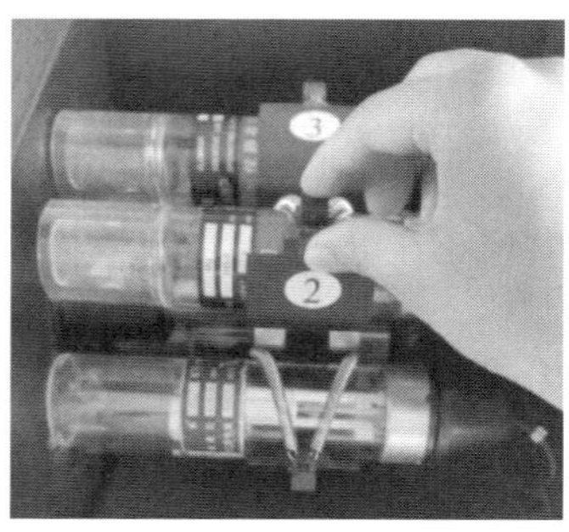

编号：________________

编号：________________

图 3-3-8 空心阴极灯安装步骤

（2）观看视频或指导教师的操作演示，简述图 3-3-9 所展示的对光过程。

1）________________________。  2）________________________。

3）________________________。  4）________________________。

5）________________________。 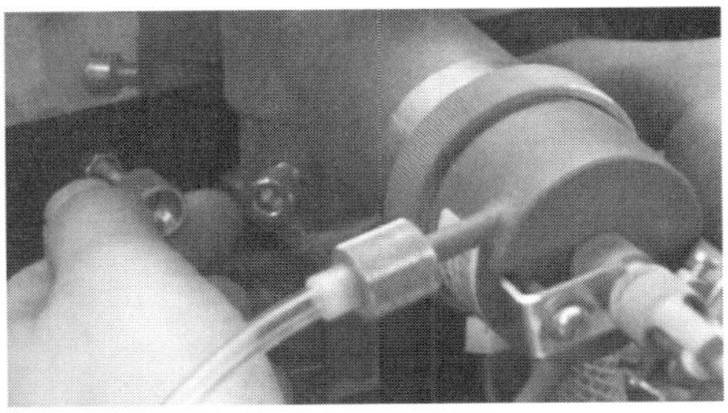 6）________________________。

图 3-3-9 火焰燃烧器对光方法

（3）确认乙炔钢瓶的状态。乙炔钢瓶的颜色是________，字体颜色是________。某乙炔钢瓶如图 3-3-10 所示，回答以下问题。

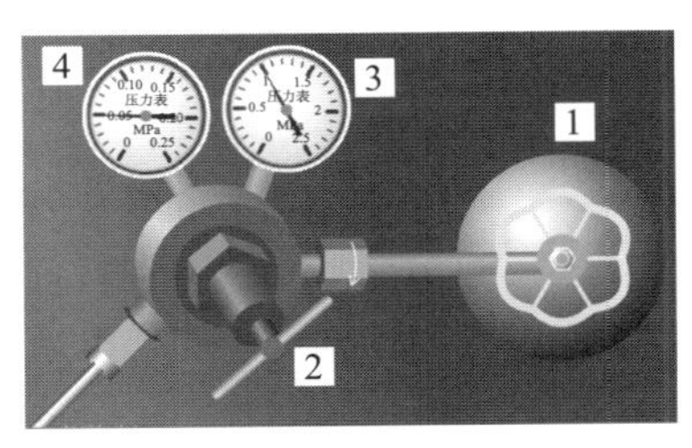

图 3-3-10 乙炔钢瓶

1）“1”是______（主阀/减压阀），开的方向为______，关的方向为______。

2）“2”是______（主阀/减压阀），开的方向为______，关的方向为______。

3）“3”显示的是________的压力，当前压力是________ MPa。

4）“4”显示的是________的压力，当前压力是________ MPa。

5）钢瓶压力低于________ MPa，钢瓶不能使用，必须更换。

（4）打开空气压缩机。空气压缩机作为辅助设备发挥着重要作用，其功能是____。

2. 请认真阅读火焰原子吸收分光光度计操作规程，完成开机操作，并记录开机过程。注意观察和记录主要参数，判断仪器是否正常。

（1）认真梳理开机步骤，并进行展示和说明，记录内容、观察到的现象及注意事项，填写表 3-3-11。

表 3-3-11　　开机操作及注意事项

步骤序号	内容	观察到的现象及注意事项
1		
2		
3		
4		

（2）将仪器运行参数填于表 3-3-12 中。

表 3-3-12　　仪器运行参数

小组编号		组员	
火焰原子吸收分光光度计型号/编号			
灯电流/mA		狭缝宽度/nm	
燃烧器高度/mm		波长/nm	
负高压/V		助燃比	
空气压力/MPa		灯位置	
仪器是否正常	□是		□否
乙炔钢瓶压力/MPa			
仪器是否正常	□是		□否
空气压缩机压力/MPa			
仪器是否正常	□是		□否
组长签字/日期			

3. 检测。

（1）绘制标准工作曲线。

将绘制铜标准工作曲线所用到的相关参数填于表 3-3-13 中。

表 3-3-13 铜标准工作曲线相关参数

序号	标准工作曲线物质质量浓度/(mg/L)	吸光度	回归方程	线性相关系数 *R*
1				
2				
3				
4				
5				

将绘制锌标准工作曲线所用到的相关参数填于表 3-3-14 中。

表 3-3-14 锌标准工作曲线相关参数

序号	标准工作曲线物质质量浓度/(mg/L)	吸光度	回归方程	线性相关系数 *R*
1				
2				
3				
4				
5				

将绘制铅标准工作曲线所用到的相关参数填于表 3-3-15 中。

表 3-3-15 铅标准工作曲线相关参数

序号	标准工作曲线物质质量浓度/(mg/L)	吸光度	回归方程	线性相关系数 *R*
1				
2				
3				
4				
5				

将绘制镍标准工作曲线所用到的相关参数填于表 3-3-16 中。

表 3-3-16　　　　　　镍标准工作曲线相关参数

序号	标准工作曲线物质质量浓度/(mg/L)	吸光度	回归方程	线性相关系数 R
1				
2				
3				
4				
5				

将绘制铬标准工作曲线所用到的相关参数填于表 3-3-17 中。

表 3-3-17　　　　　　铬标准工作曲线相关参数

序号	标准工作曲线物质质量浓度/(mg/L)	吸光度	回归方程	线性相关系数 R
1				
2				
3				
4				
5				

元素标准溶液常见的溶剂是什么？为什么有这些溶剂体系？

（2）样品测定。

计算公式：

$$c = \frac{W}{V} \times 1\ 000\ \text{mL/L}$$

式中　c——实验室样品中的金属质量浓度，μg/L；

W——试份中的金属的质量，μg；

V——试份的体积，mL。

检测结果见表 3-3-18。

表 3-3-18 检测结果

检测项目	c_1/(mg/L)	c_2/(mg/L)	c_3/(mg/L)	平均值/(mg/L)	稀释倍数	检测结果/(mg/L)	相对标准偏差
铜							
锌							
铅							
镍							
铬							

注：检测结果保留 3 位有效数字。

检测人：　　　　日期：　　　　　　　　　　校核人：　　　　日期：

（3）质量控制。

质控样加标真实值为________ mg/L，测定值为________ mg/L。

4. 关机。

请阅读火焰原子吸收分光光度计操作规程，完成关机操作，并记录关机现象，填写表 3-3-19。

表 3-3-19 关机操作记录

序号	操作	现象	备注
1			
2			
3			
4			
5			

六、知识技能巩固

1. 简述金属标准储备溶液、中间标准溶液和工作标准溶液配制过程中的安全注意事项。

2. 根据使用的火焰原子吸收分光光度计的具体型号，简述开机、分析检测和关机步骤的技术要领（要求展示、说明）。

3. 有一已知准确浓度的水溶液，其证书上的标准浓度见表 3-3-20。

表 3-3-20　金属元素标准浓度

金属元素名称	质量浓度/(mg/L)
铜	3. 8±0. 31
锌	0. 05±0. 004 7
铅	3. 5±0. 16
铬	0. 5±0. 02
镍	0. 5±0. 02

某小组用火焰原子吸收分光光度法测定标准品金属元素含量，进行方法验证。其测定结果见表 3-3-21。

表 3-3-21　样品金属元素测定结果

金属元素名称	质量浓度/(mg/L)	
铜	3. 73	3. 72
锌	0. 04	0. 05
铅	3. 47	3. 46
铬	0. 53	0. 55
镍	0. 52	0. 49

（1）各离子的检测结果是否合理？

（2）如果不合理，请经过小组讨论分析其可能的原因（不少于 3 条）。

4. 简述原子吸收光谱分析中主要的干扰及消除方法。

5. 当待测元素与共存元素形成难挥发的化合物时，____________干扰往往会导致参与原子吸收的基态原子数目减少而使测量产生误差。

6. 用原子吸收分光光度法测定血清钙时，加入 EDTA（乙二胺四乙酸）的作用是作________剂。原子吸收分光光度法中，常在试剂中加入铯盐的作用是作________剂。

七、现场整理

按 6S 管理要求整理现场，记录现场情况。

八、评价

评价建议见表 3-3-22。

表 3-3-22　　评价建议

项目（配分）	项目明细（配分）及要求		配分	评分细则	自评	小组评价	教师评价
职业素养（20）	学习纪律（5）	按时到岗，不早退	1	违反一次不得分			
		积极思考并回答问题	2	根据上课统计情况得 1~2 分			
		学习用品准备齐全	1	学习用品齐全得 1 分			
		服从安排	1	不符合要求扣 1 分			
	职业道德（6）	主动与他人合作	2	不主动扣 1 分			
		主动帮助同学	2	不主动扣 1 分			
		仪容仪表规范，举止文雅	2	符合要求得 2 分，其余不得分			
	6S 管理（4）	桌面、地面整洁	2	符合要求得 2 分，其余不得分			
		物品定置管理	1	符合要求得 1 分，其余不得分			
		安全、环保	1	安全防护、废液处置合理得 1 分，其余不得分			
	职业能力（5）	科学规范，熟练高效，有工匠精神，协作沟通有效	5	符合要求得 5 分，其余情况酌情得 1~4 分			

续表

项目（配分）	项目明细（配分）及要求		配分	评分细则	自评	小组评价	教师评价
专业能力（80）	配制溶液、处理样品（20）	药品、试剂准备	5	完全符合要求得 5 分，其余情况酌情得 1~4 分			
		仪器设备准备	5	完全符合要求得 5 分，其余情况酌情得 1~4 分			
		称量与浓度计算	5	正确得 5 分，有错误不得分			
		配制溶液及保存和分装	5	正确得 5 分，其余情况酌情得 1~4 分			
	确认仪器状态（20）	确认仪器、钢瓶状态	5	全部正确得 5 分，不正确不得分			
		开机方法	5	正确开机得 5 分，不正确不得分			
		设置仪器工作参数	5	完全正确得 5 分，不正确不得分			
		关机方法	5	正确关机得 5 分，不正确不得分			
	实施检测（20）	工作站使用	10	正确使用工作站建立所需文件得 10 分，不正确不得分			
		进样	5	进样方法设置及进样完全正确得 5 分，不正确不得分			
		数据记录	5	及时、无误得 5 分，否则不得分			
	工作页（20）	按时提交	4	按时提交得 4 分，迟交不得分			
		书写整齐度	4	文字工整、字迹清楚得 4 分			

续表

<table>
<tr><th>项目（配分）</th><th colspan="2">项目明细（配分）及要求</th><th>配分</th><th>评分细则</th><th>自评</th><th>小组评价</th><th>教师评价</th></tr>
<tr><td rowspan="3">专业能力（80）</td><td rowspan="3">工作页（20）</td><td>内容完成程度</td><td>4</td><td>按完成程度分别得 1~4 分</td><td></td><td rowspan="3"></td><td rowspan="3"></td></tr>
<tr><td>回答准确率</td><td>4</td><td>视准确率情况分别得 1~4 分</td><td></td></tr>
<tr><td>见解独到性</td><td>4</td><td>视见解独到情况分别得 1~4 分</td><td></td></tr>
<tr><td colspan="5">总分</td><td></td><td></td><td></td></tr>
<tr><td colspan="5">综合得分（加权平均分，自评占 20%，小组评价占 30%，教师评价占 50%）</td><td colspan="3"></td></tr>
<tr><td colspan="4">组长签字：</td><td colspan="4">教师签字：</td></tr>
<tr><td colspan="8">学生对本活动的总体评述（从职业素养、职业能力的提升方面进行评述，分析不足之处并提出改进措施）：</td></tr>
<tr><td colspan="8">教师指导意见：</td></tr>
</table>

信息页——TAS-990火焰原子吸收分光光度计操作步骤

一、开机

（1）开抽风设备。

（2）打开计算机。

（3）打开TAS-990火焰原子吸收分光光度计主机电源。

（4）双击TAS-990程序图标“AAwin”，选择“联机”，单击“确定”，进入仪器自检画面。等待仪器各项自检“确定”后进行测量操作。

二、测量操作

1. 选择元素灯及测量参数

（1）选择“工作灯（W）”和“预热灯（R）”后单击“下一步”。

（2）设置元素测量参数，可以直接单击“下一步”。

（3）进入“设置波长”步骤，单击“寻峰”。寻峰完成后，单击“关闭”，回到寻峰画面后再单击“关闭”。

（4）单击“下一步”，进入完成设置画面，单击“完成”。

2. 设置测量样品和标准样品

（1）单击“样品”，进入“样品设置向导”，主要选择“浓度单位”。

（2）单击“下一步”，进入标准样品画面，根据所配制的标准样品设置标准样品的数量及浓度。

（3）单击“下一步”，进入辅助参数选项，可以直接单击“下一步”，再单击“完成”，结束样品设置。

3. 设置参数

单击“参数”，在“常规”窗口设置测量重复次数（一般设置3次即可）。

4. 点火

（1）检查光斑，通过选择“燃烧器参数”调节光斑到最佳位置。

（2）检查仪器后部液位检测装置是否有水，检查紧急灭火开关是否关闭。

（3）打开空气压缩机，观察空气压缩机压力是否达到0.25 MPa。

（4）打开乙炔钢瓶开关，调节分表压力为 0.05 MPa，检查各个连接处是否漏气。

（5）单击“点火”按键，观察火焰是否点燃。如果第一次没有点燃，请等 5~10 s 再重新点火。

（6）火焰点燃后，单击“能量”，选择“能量自动平衡”，调整能量到 100%。

5. 测量

（1）标准样品测量：把进样吸管放入空白溶液，单击“校零”键，调整吸光度为零；单击“测量”键，进入测量画面（在屏幕右上角），依次吸入标准样品（必须根据浓度从低到高测量）。做完标准样品后，把进样吸管放入蒸馏水中，单击“终止”按键。将鼠标指向标准曲线图框内，单击右键，选择“详细信息”，查看相关系数 R 是否合格。如果合格，进入样品测量。

（2）样品测量：把进样吸管放入空白溶液，单击“校零”键，调整吸光度为零；单击“测量”键，进入测量画面（屏幕右上角），吸入样品，单击“开始”键测量，自动读数 3 次完成一个样品测量。注意事项同标准样品测量方法。

（3）测量完成：如果需要打印，单击“打印”，根据提示选择需要打印的结果；如果需要保存结果，单击“保存”，根据提示输入文件名称，单击“保存”按钮。以后可以单击“打开”调出此文件。

6. 结束测量

（1）如需测量其他元素，单击“元素灯”，操作同上。

（2）完成测量后，一定要先关闭乙炔钢瓶开关，等到计算机提示“火焰异常熄灭，请检查乙炔流量”，再关闭空气压缩机，按下放水阀，排出空气压缩机内水分。

三、关机

（1）单击 TAS-990 程序右上角“关闭”按钮，如果程序提示“数据未保存，是否保存”，根据需要选择，一般打印数据后可以选择“否”，程序出现提示信息后单击“确定”退出程序。

（2）关闭主机电源，罩上火焰原子吸收分光光度计罩。

（3）关闭计算机电源。15 min 后再关闭抽风设备，关闭实验室总电源，完成测量工作。

信息页——AA6880 原子吸收分光光度计操作步骤

一、操作步骤

（1）打开乙炔气瓶主阀 1~2 圈，调节次级阀压力达到 0.09 MPa，使用肥皂水检查气瓶与仪器之间各个接头处是否漏气。

（2）打开空气压缩机，按下排水阀排出废水、废气，调节压力到 0.35 MPa，检查是否漏气。

（3）打开 AA6880 主机（电源按钮在右下方）及计算机。

（4）双击“Wizzard”（向导），选择“操作”栏图标，输入用户名“admin”，无密码，选择“仪器”，连接后等待仪器自检，根据提示检查燃气、助燃气压力及废液罐水位，点击“确定”。

（5）选择“Wizzard”，根据提示编辑火焰测试方法。

（6）同时按住“purge”（清除）和“igniter”（点火器）按钮点火，检查火焰状态是否正常。

（7）点击“start”（开始）按钮，开始进样测试。

（8）测试结束后，选择菜单“仪器”下的“余气燃烧”，根据提示操作，先关闭乙炔阀门，再关闭空气压缩机。

（9）选择“仪器”，点击“连接”，关闭主机及计算机。

二、日常操作维护

AA6880 原子吸收分光光度计的日常操作维护如下：

（1）检查各气源是否漏气。

（2）样品需要经过前处理再进行测定。

（3）火焰如果呈锯齿状，用卡片清扫燃烧头。

（4）使用火焰时需开抽风设备，尽量保证实验室内空气流通。

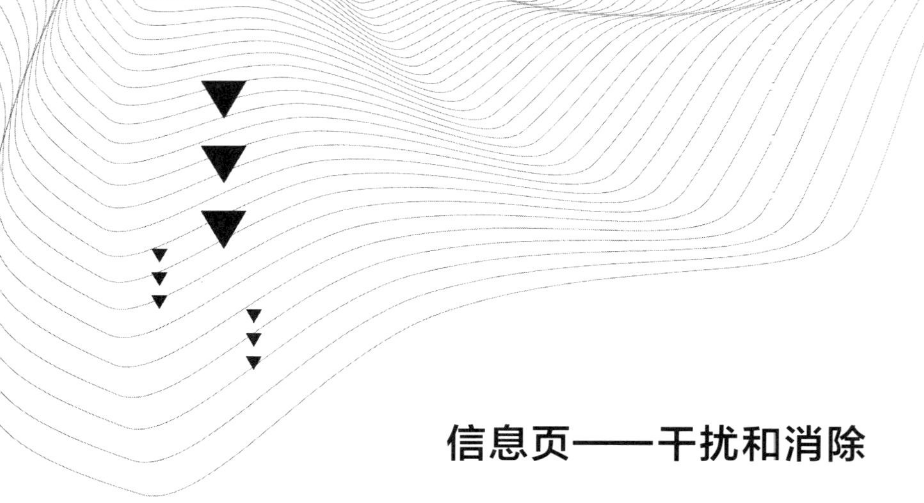

信息页——干扰和消除

原子吸收分光光度法中的主要干扰有化学干扰、物理干扰、光谱干扰及基体效应和散射影响。

一、化学干扰

化学干扰是指被测元素与共存的其他元素发生化学反应，生成稳定的化合物而影响原子化效率。化学干扰与试样中各组分的化学性质、火焰类型及温度等多种因素有关，通过在标准溶液和试液中加入某种缓冲剂可抑制或减少化学干扰。常用的缓冲剂有如下几种：

1. 释放剂

释放剂能与干扰元素形成稳定的化合物，使被测元素释放出来。例如，加入锶或镧可有效地消除磷酸根对钙的干扰。

2. 保护剂

保护剂能与被测元素形成稳定的络合物，将被测元素保护起来，防止干扰元素的作用。例如，加入EDTA，使之与钙形成EDTA-Ca络合物，从而把钙“保护”起来，避免钙与磷酸根作用，可消除磷酸根对钙的干扰。

3. 饱和剂

饱和剂是指在标准溶液和试液中加入过量的干扰元素，使干扰趋于稳定（即饱和）。例如，用N_2O与C_2H_2火焰测定钛时，可在标准溶液和试液中均加入200 mg/L以上的铝盐，使铝对钛的干扰趋于稳定。

4. 电离缓冲剂

电离缓冲剂是指加入大量容易电离的某种缓冲剂以抑制被测元素的电离。例如，在较高温度时，钾、钠都容易发生电离，致使电离平衡改变。若加入足量铯盐，产生大量自由电子，能抑制钾、钠的电离，从而消除电离干扰。

除了使用上述方法外，还可以采用改变火焰温度、化学预分离等方法来消除化学干扰。

二、物理干扰

由试液和标准溶液物理性质的差别所产生的干扰称为物理干扰。例如，试液的黏度、表面张力、相对密度等物理性质变化时，将改变试液喷入火焰的速度以及雾滴大小等，进而影响检测。配制与被测试液组成相似的标准溶液或采用标准加入法，可以消除物理干扰。若试液浓度较高，可以采用稀释法。

三、光谱干扰

光谱干扰是由被测元素与干扰元素发射或吸收的辐射光谱不能完全分离所引起的。可以采用减少狭缝，改用纯度较高的单元素灯，使用较小的通带（或更换灯），另选分析线（或用较小的光谱通带）等方法来抑制光谱干扰。

四、基体效应和散射影响

基体效应是试样中与被测元素共存的一种或多种组分所引起的干扰，而散射影响则是由吸收介质中存在的固体或液体微粒对入射辐射的散射所引起的干扰。这两类干扰可采用标准加入法或稀释法来控制。

信息页——火焰原子吸收分光光度计使用中火焰类型的选择原则

一、火焰种类的选择

在火焰原子化法中，火焰类型和性质是影响原子化效率的主要因素。对大多数元素，多采用乙炔—空气火焰（背景干扰低）。

对低、中温元素（易电离、易挥发），如碱金属和部分碱土金属及易与硫化合的元素（如 Cu、Ag、Pb、Cd、Zn、Sn、Se 等），可使用低温火焰，如乙炔—空气火焰。

对高温元素（难挥发和易生成氧化物的元素），如 Al、Si、V、Ti、W、B 等，使用乙炔——一氧化二氮高温火焰。

对分析线位于短波区（200 nm 以下）的元素，使用火焰原子吸收分光光度计分析时，使用氢气—空气火焰。

二、燃气—助燃气比的选择

乙炔—空气火焰在火焰原子吸收中最常用，特点是成本较低，可测定 35 种元素。根据助燃比（助燃气与燃气之比），可将火焰分为化学计量火焰、贫燃火焰和富燃火焰 3 种。

1. 化学计量火焰

这种火焰的助燃比一般为（3~4）：1。在这种助燃比下，燃气得到充分燃烧，助燃气消耗殆尽，火焰温度大约为 2 300 ℃。化学计量火焰层次分明、清晰、稳定、噪声小、背景值低，具有一定的还原性，许多元素在此温度下能得到解离，是原子吸收中首选的燃烧方式。对于 Cu、Au、Mg、Co、Ni、Fe、Zn、Cd 等元素，选用化学计量火焰较合适。但化学计量火焰不适用于氧化物难解离的元素（高温元素，如 Al、Si、W、Ti、V、Zr、Hf 等），因为这些元素在此温度下不能得到充分原子化。

2. 贫燃火焰

这种火焰的助燃比为（4~6）：1，助燃气较多，燃气较少。在此助燃比下，由于燃气得到充分燃烧，火焰颜色很浅，背景值很低。贫燃火焰温度虽不及化学计量火焰温度高，但降低不是很多，特别适合碱金属元素的测定，也适合元素单质熔点高或难形成高温氧化物的元素，如 Au、Ag、Pt、Rh、Ga、Ni、Co 等。但这种燃烧方式的稳定性较差。

3. 富燃火焰

这种火焰的助燃比一般为（1.2~1.5）：1。由于燃烧不充分，富燃火焰带有明显的黄色，有的甚至有浓烟。富燃火焰中有大量的-CH、-CN、-NH 等自由基，因此具有很强的还原性，适合测定易被氧化或氧化物熔点较高的元素。

上述 3 种火焰对分析线在 220 nm 附近或以下的元素是不适用的，因为助燃气（空气）对它们有强烈的吸收作用。

信息页——消解相关知识

一、消解

在测定样品中金属等无机物的指标时，如果样品中含有有机物等杂质，需要先进行样品消解处理。消解的目的是破坏有机物，溶解悬浮物，将各种形态（价态）的金属氧化成单一的高价态，以便测定。消解后的水样通常应清澈、透明、无沉淀。

消解可分为湿式消解和干式消解。

湿式消解是指用液体或液体与固体的混合物作氧化剂，在一定温度下分解样品中的有机物。常用的酸法消解体系有硝酸—硫酸、硝酸—高氯酸、硫酸—高锰酸钾、氢氟酸、过氧化氢等，它们可将污水和沉积物中的有机物和还原性物质如氰化物、亚硝酸盐、硫化物、亚硫酸盐、硫代硫酸盐以及热不稳定的物质如硫氰盐等全部破坏；碱法消解多用氢氧化钠溶液。

干式消解是指进行金属离子或无机离子指标测定时，先通过高温灼烧除去有机物，将灼烧后的残渣用硝酸或盐酸溶解，过滤后，滤液于容量瓶定容，再进行测定。

消解可在坩埚（镍制、聚四氟乙烯制）中进行，也可用高压消解罐。常见消解过程如图 3-3-11 所示。

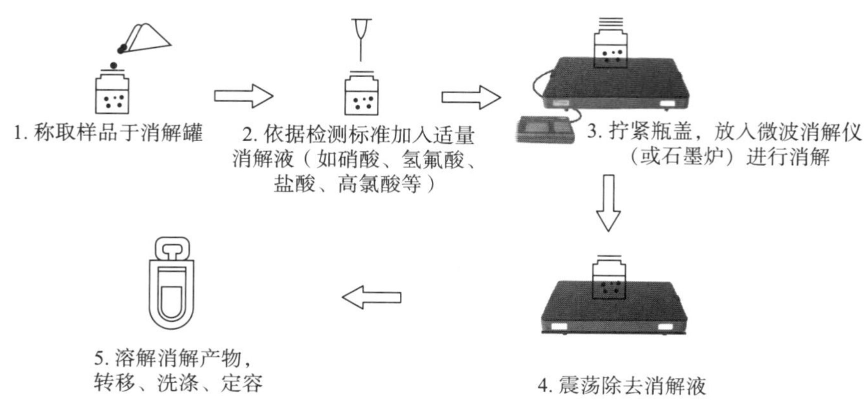

图 3-3-11　常见消解过程

水样常会含有不同数量的固体物质，从而使水质混浊。这些固体物质可能是无机物，也可能是有机物，如砂石矿粒、铝硅酸盐、碳酸盐、硫酸盐、氧化铁水合物以及各种微生物和动植物残体等。

在测定金属等无机物的指标时，如果水样中含有有机物，常用硝酸—高氯酸、硫酸—高锰酸钾和碱分解等消解方法。

1. 硝酸—高氯酸法

该法多用于含悬浮物和有机物较多的地面水。取 100 mL 水样加入 5 mL 浓硝酸，加热硝化至体积约 10 mL，冷却，再加入 5 mL 浓硝酸，少量逐次加入 2 mL 高氯酸，继续加热硝化，蒸至近干，冷却后用 0.2%硝酸溶解残渣。此法硝化彻底，消解后的水样一般清澈、透明、无沉淀。若有少量白色沉淀，则是二氧化硅，用快速定量滤纸过滤即可，滤液用 0.2%硝酸定容。如测镉、锌等金属含量，水样的预处理即可选用此法。

2. 硫酸—高锰酸钾法

高锰酸钾是一种很强的氧化剂，在中性、碱性和酸性条件下都可以分解有机物。有机物降解的最终产物多为草酸根，草酸根可在酸性介质中继续被氧化，所以高锰酸钾对有机物的氧化作用比较复杂。一般常用此法进行测汞水样的预处理。取水样加入适量的硫酸和 5%的高锰酸钾溶液，混匀，加热煮沸 10 min，冷却。过量的高锰酸钾可用盐酸羟胺进行还原，至粉红色刚消失为止。所得溶液可进行汞的测定。

3. 碱分解法

该法适用于待测组分在酸性条件下易于挥发的水样。在水样中加入氢氧化钠和过氧化氢水溶液，或者加入氨水和过氧化氢水溶液，加热至近干即可。

碱的加入量不宜过多，100 mL 水样中加入氢氧化钠 1~3 g 或氨水 5~10 mL 即可。

为了加快消解速度，还可以加压和使用微波辅助消解。

二、消解常用酸和氧化剂

消解常用酸和氧化剂的物理性质见表 3-3-23。

表 3-3-23　　消解常用酸和氧化剂的物理性质

名称	化学式	相对分子质量	质量分数/%	浓度/(mol/L)	密度/(kg/L)	沸点/℃	说明
硝酸	HNO_3	63.01	68	16	1.42	122	68%（质量分数）HNO_3，恒沸物
盐酸	HCl	36.46	36	12	1.19	110	20.4%（质量分数）HCl，恒沸物

续表

名称	化学式	相对分子质量	质量分数/%	浓度/(mol/L)	密度/(kg/L)	沸点/℃	说明
氢氟酸	HF	20.01	48	29	1.16	112	38.3%（质量分数）HF，恒沸物
高氯酸	$HClO_4$	100.46	70	12	1.67	203	72.4%（质量分数）$HClO_4$，恒沸物
硫酸	H_2SO_4	98.08	98	18	1.84	338	98.3%（质量分数）H_2SO_4，恒沸物
磷酸	H_3PO_4	98.00	85	15	1.71	213	分解为 HPO_3
过氧化氢	H_2O_2	34.01	30	10	1.12	106	—

三、主要湿式消解技术比较

表 3-3-24 列出了主要湿式消解技术（包括传统加热方式和能量辐射加热方式）在分析物损失途径、空白来源、样品质量、技术参数、消解时间、消解程度以及经济性等方面的特点。

表 3-3-24　　主要湿式消解技术的特点对比

系统	消解技术	分析物损失途径	空白来源	样品质量/g		参数最大值		消解时间	消解程度	经济性
				有机物	无机物	温度/℃	压力/MPa			
开放系统	传统加热	挥发	酸、容器、空气	<5	<10	<400	—	数小时	不完全	费用低，需有人值守
	微波加热	挥发	酸、容器、空气	<5	<10	<400	—	<1 h	不完全	费用低，需有人值守
	紫外消解	无	无	溶解态	—	<90	—	数小时	高	费用低，需有人值守
密闭系统	传统加热	保留	酸（低）	<0.5	<3	<320	<15	数小时	高	无须值守
	微波加热	保留	酸（低）	<0.5	<3	<300	<20	<1 h	高	费用高，无须值守

续表

系统	消解技术	分析物损失途径	空白来源	样品质量/g		参数最大值		消解时间	消解程度	经济性
				有机物	无机物	温度/℃	压力/MPa			
流动系统	传统加热	消解不完全	酸（低）	<0.1（浆体）	<0.1（浆体）	<320	<30	几分钟	高	费用高，无须值守
	紫外消解	消解不完全	无	溶解态	—	<90	—	几分钟	高	费用高，无须值守
	微波加热	消解不完全	酸（低）	<0.1（浆体）	<0.3（浆体）	<250	<4	几分钟	高	费用高，无须值守
	蒸气相酸消解	无	无	<0.1	<0.1	<200	<2	<1 h	高	无须值守

四、环境监测样品分析消解依据的标准

（1）《水质　金属总量的消解　硝酸消解法》（HJ 677—2013）。

（2）《水质　金属总量的消解　微波消解法》（HJ 678—2013）。

（3）《土壤和沉积物　金属元素总量的消解　微波消解法》（HJ 832—2017）。

学习任务	原子吸收分光光度法测定水质样品中铜、锌、铅、镍、铬的含量	教学流程	验收交付
班　级		姓　名	

学习活动四　验收交付

建议学时：4 学时

学习要求： 能够对检测的原始数据进行数据处理，规范完整地填写报告书，并对可疑数据进行分析，工学一体化要求及学时见表 3-4-1。

表 3-4-1　　　　工学一体化要求及学时

序号	工作步骤	要求	学时	备注
1	编制质量分析报告	能根据数据及检测标准判定结果的准确性，根据质控结果判断结果的可靠性，分析测定中存在的问题及操作要点	1.5	
2	原子吸收分光光度法测定水质样品中铜、锌、铅、镍、铬的含量	依据检测结果，编制检测报告单，要求用仿宋字体填写，书写规范、整洁，无涂改	2	
3	评价	能对结果的真实性、样品质量给出合理评价	0.5	

一、编写数据评判表

1. 数据评判建议见表 3-4-2。

表 3-4-2　　　　数据评判建议

评判内容	要求	结果
平行双样精密度	≤10%	合格
质控范围（至少做 1 个加标回收率测定）	80%～120%	合格

续表

评判内容		要求	结果
空白实验		低于方法检出限	合格
线性相关系数		≥0.995	合格
铜	检测结果有效位数（质量浓度<1.00 mg/L）	保留两位有效数字	合格
	检测结果有效位数（质量浓度≥1.00 mg/L）	保留三位有效数字	合格
锌、铅	检测结果有效位数（质量浓度<10.0 mg/L）	保留两位有效数字	合格
	检测结果有效位数（质量浓度≥10.0 mg/L）	保留三位有效数字	合格
镍、铬	检测结果有效位数	保留三位有效数字	合格

2. 数据分析。

（1）写出铜、锌、铅、镍、铬的质量浓度计算公式、精密度计算公式和质量控制计算公式。

（2）写出铜、锌、铅、镍、铬的质量浓度、精密度和质量控制计算过程，并将计算结果填写在原始记录报告单上。

（3）画出铜、锌、铅、镍、铬的校准曲线。

（4）得出结论，填写表 3-4-3。

表 3-4-3　检测结论

内容	质量浓度/（μg/L）	精密度	判定结果（合格/不合格）	线性相关系数	判定结果（合格/不合格）	互平行测定值/（μg/L）	判定结果（合格/不合格）	质控样测定值/（μg/L）	质控样真实值/（μg/L）	回收率/%	判定结果（合格/不合格）
铜											
锌											
铅											
镍											
铬											

3. 写出测定中存在的问题及解决措施，并总结本项目的操作要点。

二、填写检测报告

检　测　报　告　书

检品名称______________

被检单位______________

检测单位______________

报告日期　　年　　月　　日

检测报告书首页　　　　　　　　　　　　________分析测试中心

字（20　　年）第　　号

共　　页，第　　页

检品名称________________________检测类别 委托（送样）

被检单位________________________检品编号________________

生产厂家________________________检测目的________生产日期________

检品数量________________________包装情况________采样日期________

采样地点________________________检品性状________送检日期________

检测项目____

____

检测结果及评价依据：

测定值________________________　评价依据________________________

结论及评价：

结论________________________　评价________________________

检测环境条件__________温度__________相对湿度__________气压__________

主要检测仪器设备：

名称______________编号______________型号______________

名称______________编号______________型号______________

名称______________编号______________型号______________

报告编制：　　　　校对：　　　　签发：

盖　章

年　　月　　日

项目名称　　　　限值　　　　测定值　　　　判定

注：报告书包括封面、首页、正文（附页）、封底，并盖有计量认证章、检测章和骑缝章。

三、评价

评价建议见表 3-4-4。

表 3-4-4 评价建议

项目（配分）	项目明细（配分）及要求		配分	评分细则	自评	小组评价	教师评价
职业素养（20）	学习纪律（5）	按时到岗，不早退	1	违反一次不得分			
		积极思考并回答问题	2	根据上课统计情况得 1~2 分			
		学习用品准备齐全	1	学习用品齐全得 1 分			
		服从安排	1	不符合要求扣 1 分			
	职业道德（6）	主动与他人合作	2	不主动扣 1 分			
		主动帮助同学	2	不主动扣 1 分			
		仪容仪表规范，举止文雅	2	符合要求得 2 分，其余不得分			
	6S 管理（4）	桌面、地面整洁	2	符合要求得 2 分，其余不得分			
		物品定置管理	2	符合要求得 2 分，其余不得分			
	职业能力（5）	数据处理与计算	3	正确得 3 分，错误不得分			
		信息处理与资料使用	2	正确得 2 分，错误不得分			
		创新能力（加分项）	5	有创新，视情况加 1~5 分			
专业能力（80）	数据处理（10）	过程完整规范、结果正确	10	计算过程完整规范、结果正确得 10 分，其余情况酌情得 1~9 分			
	结果评判（10）	结论是否正确	10	结论正确得 10 分，结论评判错误不得分			
	精密度（10）	互平行情况	10	互平行≤5%得 10 分，≤10%且>5%得 5 分，>10%不得分			

续表

项目（配分）	项目明细（配分）及要求		配分	评分细则	自评	小组评价	教师评价
专业能力（80）	线性相关系数（5）	线性相关性	5	≥0.999 9 得 5 分，≥0.995 且<0.999 9 得 3 分，<0.995 不得分			
	质量控制（5）	质控范围	5	回收率在 80%~120%得 5 分，否则不得分			
	报告填写（20）	填写完整规范性	10	完整规范、无涂改得 10 分，涂改一项扣 2 分			
		无差错	10	填写无差错得 10 分，有差错不得分			
	工作页（20）	按时提交	4	按时提交得 4 分，迟交不得分			
		书写整齐度	4	文字工整、字迹清楚得 4 分			
		内容完成程度	4	按完成程度分别得 1~4 分			
		回答准确率	4	视准确率情况分别得 1~4 分			
		见解独到性	4	视见解独到情况分别得 1~4 分			
总分							
综合得分（加权平均分，自评占 20%，小组评价占 30%，教师评价占 50%）							
组长签字：				教师签字：			
学生对本活动的总体评述（从职业素养、职业能力的提升方面进行评述，分析不足之处并提出改进措施）：							
教师指导意见：							

学习任务	原子吸收分光光度法测定水质样品中铜、锌、铅、镍、铬的含量	教学流程	总结拓展
班　　级		姓　　名	

学习活动五　总结拓展

建议学时：10 学时

学习要求： 通过本次活动，总结本项目的作业规范和核心技术，并通过同类项目的拓展训练强化所获得的理论知识、专业技能和综合职业素养。工学一体化要求及学时见表 3-5-1。

表 3-5-1　　　　工学一体化要求及学时

序号	工作步骤	要求	学时	备注
1	撰写项目总结	要求提炼出来的收获、经验有价值，能如实表述分析检测过程中遇到的问题及解决办法	0.5	
2	编制水质样品中铜、锌、铅、镍、铬含量测定方案	根据检测标准要求编制检测方案，要求条理清晰，具有可操作性	3	
3	水质样品中铜、锌、铅、镍、铬含量测定	能根据检测方案对给定的样品实施检测，并给出检测报告。检测过程科学、规范，符合 6S 管理要求	6	
4	评价	能对结果的真实性做出合理评价，对检测过程做出客观评价	0.5	

一、项目总结

1. 语言精练，无错别字。
2. 编写内容主要包括学习内容、体会、学习中的优缺点及改进措施。

3. 字数 300 字左右。

二、项目拓展

拓展项目名称：____

1. 任务情景描述。

2. 分析检测原理。

3. 仪器、试剂准备。

（1）编制药品、试剂清单，列出所需药品、试剂，完成表 3-5-2 描述的内容。

表 3-5-2　　　　药品、试剂清单

序号	药品、试剂名称	规格	所需数量	负责人
1				
2				
3				
4				
5				
6				
7				
8				
9				
10				

（2）编制仪器设备清单，列出所需仪器设备，完成表 3-5-3 描述的内容。

表 3-5-3　仪器设备清单

序号	仪器设备名称	规格	数量	型号	用途	负责人
1						
2						
3						
4						
5						
6						
7						
8						
9						
10						

（3）编制溶液配制清单，完成表 3-5-4 描述的内容。

表 3-5-4　溶液配制清单

序号	溶液名称	配制方法	负责人	数量	浓度	分装瓶数
1						
2						
3						
4						
5						
6						
7						
8						
9						
10						

4. 工作过程。

认真阅读作业指导书，梳理该项目的检测方法，编写工作流程，完成表 3-5-5 描述的内容。

表 3-5-5 工作流程

序号	工作流程	主要工作内容	工作要求	完成时间
1				
2				
3				
4				
5				
6				
7				
8				
9				
10				

5. 检测结果与结论。

6. 安全、健康与环保。

写出检测过程中的安全注意事项及防护措施。

三、作业指导书

拓展作业指导书见表 3-5-6。

表 3-5-6 拓展作业指导书

主题	文件编号：
地下水中铜、锌、铅、镍、铬指标测定	共 页 第 页

1. 检测依据及评价标准

2. 检测原理

3. 技术参数

离子	质量浓度	回收率	离子	质量浓度	回收率
铜			铅		
锌			镍		
铬					

加标回收率计算：

4. 药品与试剂

续表

5. 实验器材

6. 仪器条件

7. 操作步骤

（1）

（2）

（3）

（4）

（5）

（6）

（7）

（8）

（9）

8. 计算公式

续表

<table>
<tr><td colspan="6">9. 数据记录与处理
计算过程：

计算结果与结论：

10. 6S 管理及实验中意外事件的应急处理</td></tr>
<tr><td>编写</td><td></td><td>审核</td><td></td><td>批准</td><td></td></tr>
</table>

四、评价

评价建议见表 3-5-7。

表 3-5-7　　　　评价建议

项目（配分）	项目明细（配分）及要求		配分	评分细则	自评	小组评价	教师评价
专业能力（60）	资讯（10）	搜集并整理信息	5	信息全面得 5 分，否则扣 1~4 分			
		全面、完整回答引导问题	5	全面、完整得 5 分，否则扣 1~4 分			
	计划与决策（10）	熟悉检测标准，知识储备充分	2	符合要求得 2 分，否则扣 1~2 分			
		编制药品、试剂清单	2	清单完整得 2 分，否则扣 1~2 分			
		编制仪器设备清单	2	清单完整得 2 分，否则扣 1~2 分			
		编制溶液配制清单	2	清单完整得 2 分，否则扣 1~2 分			
		科学、合理制定检测方案	2	科学、合理得 2 分，否则扣 1~2 分			
	实施（20）	规范使用玻璃仪器	5	规范得 5 分，否则扣 1~4 分			
		规范配制溶液和处理样品	5	规范得 5 分，否则扣 1~4 分			
		规范操作仪器设备	5	规范得 5 分，否则扣 1~4 分			
		熟练使用工作站	5	符合要求得 5 分，否则扣 1~4 分			
	过程控制（10）	台面整理	2	台面整洁、无水渍得 2 分，否则扣 1~2 分			
		有效沟通并解决问题	2	及时与他人有效沟通并解决技术难题得 2 分，否则扣 1~2 分			

续表

项目（配分）	项目明细（配分）及要求		配分	评分细则	自评	小组评价	教师评价
专业能力（60）	过程控制（10）	安全与健康	2	关注自身和他人安全与健康得 2 分，否则扣 1~2 分			
		节约	2	注重节约得 2 分，否则扣 1~2 分			
		环保	2	关注环境保护，及时处理废液、废渣得 2 分，否则扣 1~2 分			
	评价反馈（10）	数据记录	2	记录数据及时、无涂改得 2 分，否则扣 1~2 分			
		数据处理与计算	2	处理检测数据、计算检测结果正确得 2 分，否则扣 1~2 分			
		误差是否正确	2	正确得 2 分，否则扣 1~2 分			
		结论是否正确	2	检测结论正确得 2 分，否则扣 1~2 分			
		与小组或主管客户沟通情况	2	及时与小组或主管客户沟通得 2 分，否则扣 1~2 分			
社会能力（20）	团结协作（10）	与小组成员合作情况	5	与小组成员合作良好、沟通交流及时得 5 分，否则扣 1~4 分			
		参与程度	5	主动参与，对小组贡献明显得 5 分，否则扣 1~4 分			
	敬业精神（10）	遵纪、守信情况	5	遵守纪律、诚实守信得 5 分，否则扣 1~4 分			
		爱岗敬业情况	5	爱岗敬业、吃苦耐劳、科学规范得 5 分，否则扣 1~4 分			

续表

<table>
<tr><th>项目（配分）</th><th colspan="2">项目明细（配分）及要求</th><th>配分</th><th>评分细则</th><th>自评</th><th>小组评价</th><th>教师评价</th></tr>
<tr><td rowspan="2">方法能力（20）</td><td>计划能力（10）</td><td>计划科学、合理</td><td>10</td><td>符合要求得 10 分，否则扣 1~9 分</td><td></td><td></td><td rowspan="2"></td></tr>
<tr><td>决策能力（10）</td><td>决策正确、合理</td><td>10</td><td>果断，分工合理，同学们服从安排得 10 分，否则扣 1~9 分</td><td></td><td></td></tr>
<tr><td colspan="5">总分</td><td></td><td></td><td></td></tr>
<tr><td colspan="5">综合得分（加权平均分，自评占 20%，小组评价占 30%，教师评价占 50%）</td><td colspan="3"></td></tr>
<tr><td colspan="4">组长签字：</td><td colspan="4">教师签字：</td></tr>
<tr><td colspan="8">学生对本活动的总体评述（从职业素养、职业能力的提升方面进行评述，分析不足之处并提出改进措施）：</td></tr>
<tr><td colspan="8">教师指导意见：</td></tr>
</table>

学习任务四

水质样品重金属砷（As）指标测定

任务情景描述

第三方分析检测公司受某环保部门委托，对该地区靠近新建化工厂的一条河流的水质进行检测，确认该厂重金属砷的排放是否符合国家标准，防止环境事故发生。第三方分析检测公司技术组把该任务交给我院分析检测中心高级化学检验员，要求3天内出具检测报告。

检验员接到任务单和待检样品后，在检测前，查阅检测标准，制定检测方案，准备药品试剂、原子荧光光谱仪等仪器设备，用原子荧光法对水质样品中的重金属砷含量进行检测，将确认的原始记录单依次交技术人员和授权负责人复核、签字，把复核后的原始记录抄送报告室，作为生成检测报告的依据。

承担该项任务的检验员应遵守实验室管理规定，在确保环境安全和人员安全的前提下，依据检测标准《水质　汞、砷、硒、铋和锑的测定　原子荧光法》（HJ 694—2014）的规定制定检测方案，准备仪器设备和试剂，实施检测；复核检测结果，提交原始记录，出具检测报告；按照实验室6S管理规范清洁、整理实验室，保养仪器设备并填写记录。

学习活动及学时分配

活动序号	学习活动	学时	备注
1	接受任务	4	共40学时
2	制定方案	6	
3	实施检测	18	
4	验收交付	4	
5	总结拓展	8	

知识、技能与素养

知识	技能	素养
1. 样品检测委托单内容 2. 检测标准《水质　汞、砷、硒、铋和锑的测定　原子荧光法》（HJ 694—2014） 3. 重金属砷物理化学性质 4. 荧光的基础知识 5. 原子荧光光谱分析基本原理 6. 原子荧光光谱仪结构与工作原理 7. 载流液、还原剂相关知识 8. 原子荧光光谱仪操作规程	1. 能正确解读检测标准，制定检测方案 2. 能正确进行样品前处理 3. 能正确选择和配制载流液、还原剂、标准储备溶液和标准使用溶液等 4. 能正确选择并安装空心阴极灯，调整原子化器石英玻璃管的高度 5. 能正确梳理各路管线流体流动方向及蠕动泵和压线块的工作状态 6. 能正确设置仪器工作参数，完成样品分析 7. 实验过程符合6S管理及健康与环境保护要求	1. 安全意识 2. 环保意识 3. 劳动意识 4. 工匠精神 5. 科学素养 6. 诚实守信 7. 持之以恒 8. 交流沟通 9. 团队精神

学习任务	水质样品重金属砷（As）指标测定	教学流程	接受任务
班　　级		姓　　名	

学习活动一　接受任务

建议学时：4 学时

学习要求： 通过该活动，明确样品检测委托单中的任务及要求，学习水质样品重金属砷含量测定的方法，编制并完成检测任务分析报告。工学一体化要求及学时见表 4-1-1。

表 4-1-1　　工学一体化要求及学时

序号	工作步骤	要求	学时	备注
1	识读任务书	能提取关键词，快速明确任务要求并清晰表达，能够读懂任务书各项内容	0.5	
2	精读检测标准《水质　汞、砷、硒、铋和锑的测定　原子荧光法》（HJ 694—2014）及信息页	能从检测标准及信息页中提取所有必要信息，对水质样品重金属砷含量的测定有较全面的认识	2	
3	确定检测方法	能够选择完成任务所需要的方法，并进行时间和工作场所安排，掌握相关理论知识，列出所需试剂和仪器设备		
4	编写检测任务分析报告	逻辑科学合理，思路清晰，语言描述流畅	1	
5	评价	实事求是	0.5	

一、了解样品信息

接收样品并对样品进行简单性状描述，请把下面符合样品性状描述的词汇画上下画线。

透明、不透明、有色、无色、罐装、袋装、散装、液体、固体、气体、有臭味、无臭味。

二、填写样品检测委托单

认真阅读样品检测委托单，填写样品检测委托单位、委托人、委托样品数量、装样容器、样品质量或体积、样品性状、检测项目、样品存放条件、样品存放时间、样品处置方式和报告出具时间等信息。

样品检测委托单见表 4-1-2。

表 4-1-2 样品检测委托单

<table>
<tr><td colspan="6">样品情况</td></tr>
<tr><td>样品名称</td><td colspan="5"></td></tr>
<tr><td>样品形态</td><td colspan="5">□水样 □泥样 □固体样品 □气体样品</td></tr>
<tr><td>样品数量/个</td><td></td><td>装样容器</td><td></td><td>样品质量或体积</td><td></td></tr>
<tr><td>顾客对样品的描述</td><td colspan="5"></td></tr>
<tr><td>样品性状</td><td colspan="5">□浊 □较浊 □较清洁 □清洁 □黑色
□灰色 □其他颜色</td></tr>
<tr><td colspan="6">顾客委托分析检测事项情况记录</td></tr>
<tr><td>检测项目或参数</td><td colspan="5">□砷 □汞 □硒 □铋 □锑</td></tr>
<tr><td>检测主要参照标准</td><td colspan="5"></td></tr>
<tr><td>检测类别</td><td colspan="5">□咨询性检测 □生产运营性检测 □仲裁性检测 □诉讼性检测</td></tr>
<tr><td>期望完成时间</td><td colspan="5">□普通（15 天之内） □加急（7 天之内） □特急
年 月 日 年 月 日 年 月 日</td></tr>
<tr><td colspan="6">顾客对其样品及报告的处置意见</td></tr>
<tr><td>样品存放及使用后的处置方式</td><td colspan="5">□室温/避光/冷藏（4 ℃）
□检测前可在室温下保存 7 天
□客户回收
□按废弃物立即处理
□按副样保存期限保存 □3 个月 □6 个月 □12 个月 □24 个月</td></tr>
<tr><td>检测报告载体形式</td><td colspan="3">□纸质 □电子文档</td><td>检测报告送达方式</td><td>□自取 □普通邮寄
□传真 □电子邮件</td></tr>
</table>

续表

顾客名称（甲方）		单位名称（乙方）	
地址		地址	
邮政编码		邮政编码	
电话		电话	
传真		传真	
电子邮件		电子邮件	
甲方委托人（签名）		乙方受理人（签名）	
委托日期	年　月　日	受理日期	年　月　日

注：本委托书一式三份，甲方执一份，乙方执两份。甲方委托人和乙方受理人签字后协议生效。

三、编写检测任务分析报告

根据样品检测委托单等信息，编写检测任务分析报告，见表 4-1-3。

表 4-1-3　检测任务分析报告

序号	项目	名称	备注
1	样品检测委托单位		
2	委托人		
3	委托样品		
4	检验参照标准		
5	检测项目		
6	样品存放条件		
7	样品处置方式		
8	样品存放时间		
9	出具报告时间		
10	出具报告形式		

四、阅读检测标准

阅读检测标准，明确检测方法。

1. 本次检测任务主要参照的检测标准是＿＿＿＿＿＿＿＿＿＿＿＿＿＿＿＿＿＿＿＿＿＿＿＿＿＿＿＿＿＿。除此以外，还有哪些检测标准，请通过信息检

索举例说明。

2. 简述本次检测任务所依据的检测标准中呈现的检测原理。

3. 简述本次检测任务所依据的检测标准中呈现的干扰和消除方法。

4. 根据检测标准中方法检出限、测定下限及水质样品保存条件和要求，完成表 4-1-4 的内容。

表 4-1-4 原子荧光法检测元素的检测及保存要求

元素	元素符号	盛放容器的材质	样品保存期/天	方法检出限/（μg/L）	测定下限/（μg/L）
砷					
汞					
硒					
铋					
锑					

5. 名词术语解释。

（1）溶解态汞、砷、硒、铋和锑。

（2）汞、砷、硒、铋和锑总量。

6. 简述汞、砷、硒、铋和锑试样的制备方法。

7. 描述还原剂硼氢化钾溶液 B 的制备方法。

8. 简述用原子荧光法测定汞、砷、硒、铋和锑的原理。

9. 请描述检测标准中结果计算公式 $\rho = \frac{\rho_1 \times f \times V_1}{V}$ 中每个参数的含义。

10. 对某样品溶液进行元素砷分析，建立的标准工作曲线如图 4-1-1 所示。

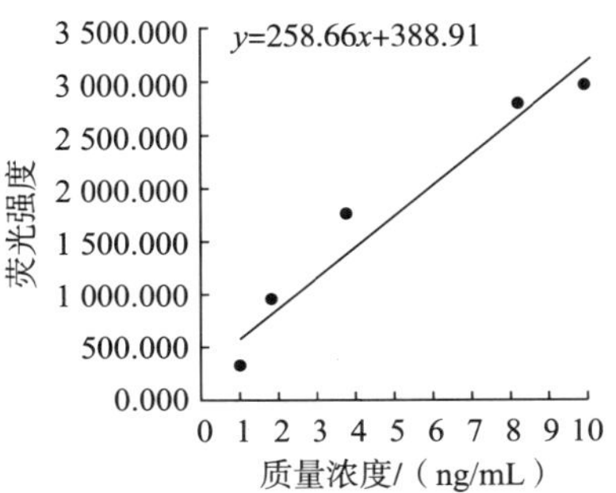

图 4-1-1 砷元素的标准工作曲线

3 次平行测定样品荧光强度分别为 1 184. 012、1 216. 950、1 296. 074，请计算样品砷的质量浓度和相对平均偏差。

11. 检测标准对废弃物的处理是怎样要求的?

12. 简述国家规定的砷的环境标准及污染治理措施。

13. 简述原子荧光及基本特征。什么是共振荧光？荧光分析常用什么荧光？

14. 写出在氢化物发生系统中反应生成氢化物的化学方程式，简述氢化物发生法生成气态氢化物的主要优点。

五、评价

评价建议见表 4-1-5。

表 4-1-5 评价建议

项目（配分）	项目明细（配分）及要求		配分	评分细则	自评	小组评价	教师评价
职业素养（20）	学习纪律（5）	按时到岗，不早退	1	违反一次不得分			
		积极思考并回答问题	2	根据上课统计情况得 1~2 分			
		学习用品准备齐全	1	学习用品齐全得 1 分			
		服从安排	1	不符合要求扣 1 分			
	职业道德（6）	主动与他人合作	2	不主动扣 1 分			
		主动帮助同学	2	不主动扣 1 分			
		仪容仪表规范，举止文雅	2	符合要求得 2 分，其余不得分			
	6S 管理（4）	桌面、地面整洁	2	符合要求得 2 分，其余不得分			
		物品定置管理	2	符合要求得 2 分，其余不得分			
	职业能力（5）	阅读与整理信息	5	能快速阅读、准确理解信息并能清晰表达得 5 分，其余情况酌情得 1~4 分			

续表

项目（配分）	项目明细（配分）及要求		配分	评分细则	自评	小组评价	教师评价
专业能力（80）	识读任务书（20）	理解任务书各项内容	5	完全理解得 5 分，部分理解得 1~4 分，不清楚不得分			
		规范填写任务书内容	5	规范得 5 分，其余情况酌情得 1~4 分			
		选用检测标准合理	5	合理得 5 分，不合理不得分			
		编写检测任务分析报告合理	5	内容全面、无错误得 5 分，其余情况酌情得 1~4 分			
	识读检测标准（40）	读懂检测标准的适用范围	5	全部理解并能叙述得 5 分，其余情况酌情得 1~4 分			
		掌握并能描述分析方法原理、样品处理方法、干扰与消除方法、溶液配制方法和数据处理方法	15	文字、语言表述清晰、流畅且无缺项得 15 分，其余情况酌情得 1~14 分，字迹潦草无法阅读不得分			
		描述要准备的仪器设备	5	描述清晰、流畅、完整得 5 分，其余情况酌情得 1~4 分			
		描述分析检测步骤和废弃物处理环境保护要求	15	文字、语言表述清晰、流畅得 15 分，其余情况酌情得 1~14 分，字迹潦草无法阅读不得分			
	工作页（20）	按时提交	4	按时提交得 4 分，迟交不得分			
		书写整齐度	4	文字工整、字迹清楚得 4 分			

续表

<table>
<tr><th>项目（配分）</th><th colspan="2">项目明细（配分）及要求</th><th>配分</th><th>评分细则</th><th>自评</th><th>小组评价</th><th>教师评价</th></tr>
<tr><td rowspan="3">专业能力（80）</td><td rowspan="3">工作页（20）</td><td>内容完成程度</td><td>4</td><td>按完成程度分别得 1～4 分</td><td></td><td rowspan="3"></td><td rowspan="3"></td></tr>
<tr><td>回答准确率</td><td>4</td><td>视准确率情况分别得 1～4 分</td><td></td></tr>
<tr><td>见解独到性</td><td>4</td><td>视见解独到情况分别得 1～4 分</td><td></td></tr>
<tr><td colspan="5">总分</td><td></td><td></td><td></td></tr>
<tr><td colspan="5">综合得分（加权平均分，自评占 20%，小组评价占 30%，教师评价占 50%）</td><td colspan="3"></td></tr>
<tr><td colspan="4">组长签字：</td><td colspan="4">教师评价签字：</td></tr>
<tr><td colspan="8">学生对本活动的总体评述（从职业素养、职业能力的提升方面进行评述，分析不足之处并提出改进措施）：</td></tr>
<tr><td colspan="8">教师指导意见：</td></tr>
</table>

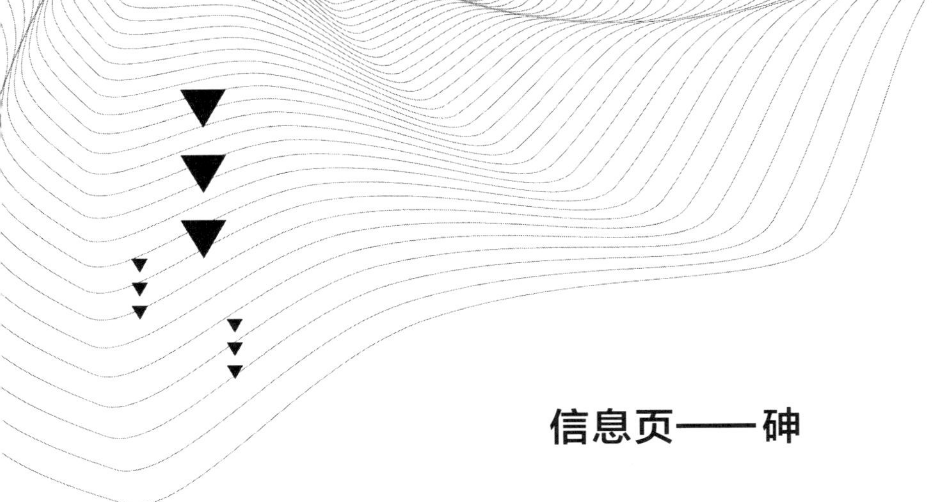

信息页——砷

砷是一种类金属元素。砷在地壳中的质量分数约为0.000 5%，主要以硫化物的形式存在，有3种同素异形体，即黄砷、黑砷和灰砷。砷主要与铜、铅及其他金属形成合金，三氧化二砷、砷酸盐可作杀虫剂、木材防腐剂，高纯砷可用于半导体和激光技术。砷有毒，且无臭无味。砷是自然界的一种微量元素，存在于数百种矿物中，如砷化物与砷酸盐化合物。最为人所知的有三氧化二砷（俗称砒霜）。

砷污染是指由砷或其化合物所引起的环境污染。砷和含砷金属的开采、冶炼，用砷或其化合物作原料的玻璃、颜料、农药、纸张的生产以及煤的燃烧等过程，都可产生含砷废水、废气和废渣，对环境造成污染。大气砷污染除来自岩石风化、火山爆发等自然现象外，主要来自工业生产及含砷农药的使用、煤的燃烧。含砷废水、农药及烟尘都会污染土壤。砷可在土壤中累积并由此进入农作物组织中。砷和砷化物一般可通过水、大气和食物等途径进入人体，造成危害。元素砷的毒性极低，砷化物均有毒性，三价砷化合物比其他砷化合物毒性更强。

一、环境标准

工业对含砷废水的处理标准是不超过0.51 mg/L，美国环境保护署（EPA）和世界卫生组织（WHO）设定公共饮用水砷最高允许质量浓度为0.01 mg/L。

欧洲规定饮水中砷最高容许质量浓度为10 μg/L。

我国现行的生活饮用水含砷量标准：大型集中供水工程不超过0.01 mg/L，小型集中供水工程或分散式供水工程不超过0.05 mg/L。

二、防止污染措施

防止砷污染应该狠抓源头，从污染源抓起。

（1）加强环境监测，建立重点地区空气、水等流体中的砷污染预报机制，同时加强重点地区土壤中砷的监测，解决好高砷地区人畜用水及农业灌溉用水问题。

（2）加强含砷矿藏及其冶炼过程的管理，取缔土法炼砷的工厂，冶炼砷的工厂和其他冶金工厂必须达标排放。对高砷煤采取强制性脱砷处理，从根本上降低空气中砷含量。

（3）加强含砷化工产品管理，特别要加强对含砷农药和医药的监管，加强这些毒性药物的使用常识培训，最大限度减少人为中毒情况的发生。

（4）避免砷进入食物，是防止砷污染的关键。

三、治理污染措施

一旦出现砷污染，需要及时治理，以防止出现更大范围的危害，保障广大人民群众的生命健康安全。砷污染治理的方法主要有化学方法、物理方法和生物方法。

（1）化学方法：主要是指用化学试剂使砷变为人体难以吸收的砷化合物。例如，在含砷废水中投加石灰、硫酸亚铁和液氯，使砷沉淀，然后对废渣进行处理；让含砷废水通过硫化铁滤床或用硫酸铁、氯化铁、氢氧化铁凝结沉淀等。

（2）物理方法：主要是指让含砷污水通过特殊的过滤器如活性炭，使砷富集起来变废为宝。

（3）生物方法：主要是指在砷污染的土壤或水体中种植能吸收砷的植物，以达到吸收砷的目的。例如，科学家发现了一种蕨类植物可吸收污染土壤中的砷。

信息页——原子荧光基本原理

一、原子荧光基础知识

气态自由原子吸收光源的特征辐射后，原子的外层电子跃迁到较高能级，然后又跃迁返回基态或较低能级，同时发射出与原激发波长相同或不同的辐射即为原子荧光。原子荧光是光致发光，也是二次发光。当激发光源停止照射之后，再发射过程立即停止。原子荧光工作原理如图 4-1-2 所示。

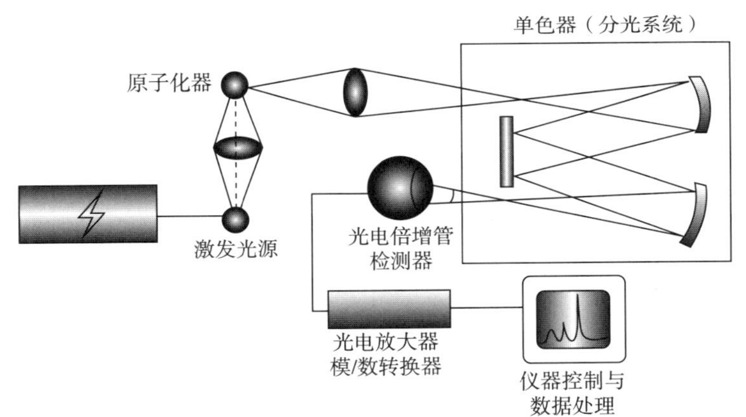

图 4-1-2 原子荧光工作原理

激发光源可采用锐线光源（空心阴极灯）或连续光源（氙灯），发射光谱如图 4-1-3 所示。其中，发射出的共振荧光使用较多。当气态原子吸收的辐射和发射的荧光波长相同时，所产生的荧光为共振荧火，即吸收和发射波长相同。当气态原子先热激发跃迁到亚稳态能级，通过吸收激发辐射进一步激发，然后再发射出相同波长的荧光时，所产生的荧光称为热助共振荧火。共振荧光和热助共振荧光如图 4-1-4 所示。

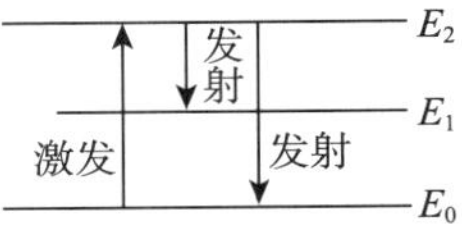

图 4-1-3 发射光谱

共振跃迁概率大，共振荧光的强度大于热助共振荧光，光子数多。分析线多采用共振荧光。

砷、锑、铋、硒、碲、铅、锡、锗 8 种元素可形成气态氢化物，镉、锌可形成气

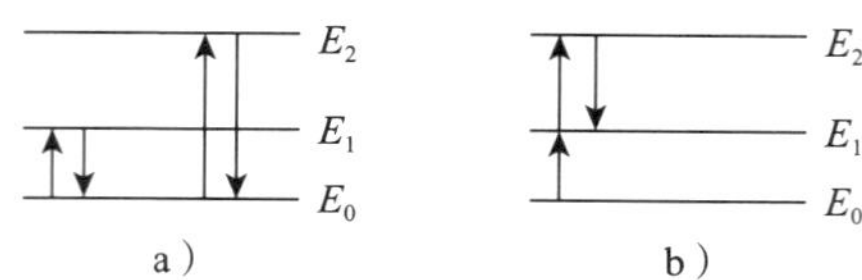

图 4-1-4 共振荧光和热助共振荧光

a）共振荧光 b）热助共振荧光

态组分，汞可形成原子蒸气。气态氢化物、气态组分通过原子化器原子化形成基态原子，基态原子蒸气吸收辐射被激发而产生原子荧光。

二、氢化物发生法

酸化过的样品溶液中的砷、铅、锑、硒等元素与还原剂（一般为硼氢化钾或硼氢化钠）反应，在氢化物发生系统中反应生成氢化物，具体反应式如下：

E(样品中的待测元素)$+KBH_4+H_2O+H^+ \longrightarrow H_3BO_3+K^++H^*+E^{m+} \longrightarrow EH_n+H_2\uparrow$

反应式中，E^{m+}代表原子化的待测元素，H^*为高能不稳态氢原子，EH_n为待测元素的气态氢化物（m 可以等于或不等于 n）。

待测元素在氢化物中的价态及沸点见表 4-1-6。

表 4-1-6 待测元素在氢化物中的价态及沸点

元素	价态	氢化物	沸点/K
砷	+3	AsH_3	218
锑	+3	SbH_3	226
铋	+3	BiH_3	251
硒	+2、+4	SeH_2	231
碲	+2	TeH_2	269
锗	+4	GeH_4	184.5
铅	+4	PbH_4	260
锡	+4	SnH_4	221

氢化物发生法生成气态氢化物的主要优点如下：

（1）待测元素能够与可能引起干扰的样品基体分离，消除部分干扰。

（2）与溶液直接喷雾进样相比，氢化物发生法能将待测元素充分预富集，进样效率近乎 100%。

（3）连续氢化物发生装置易于实现自动化。

（4）不同价态的元素氢化物发生实现的条件不同，可进行价态分析。

三、原子荧光仪器

原子荧光仪器由激发光源、原子化器、检测电路 3 部分组成。

激发光源主要使用高强度空心阴极灯，光强度大、纯度高、能量稳定、寿命长。智能型高强度空心阴极灯如图 4-1-5 所示。

图 4-1-5　智能型高强度空心阴极灯

原子荧光可利用多通道同时测多种元素。如图 4-1-5 所示，三通道可同时测 3 种元素。

学习任务	水质样品重金属砷（As）指标测定	教学流程	制定方案
班　　级		姓　　名	

学习活动二　制定方案

建议学时：6 学时

学习要求： 掌握原子荧光光谱仪的结构和工作原理。通过认真阅读《水质　汞、砷、硒、铋和锑的测定　原子荧光法》（HJ 694—2014）和信息页，编制工作流程，编制试剂、仪器设备清单和溶液配制清单，完成水质样品中重金属砷含量测定的方案制定和决策。工学一体化要求及学时见表 4-2-1。

表 4-2-1　　工学一体化要求及学时

序号	工作步骤	要求	学时	备注
1	解读检测标准	1. 熟悉检测标准规定的使用方法的检测原理 2. 明确检测标准规定的使用方法的检测流程 3. 明确检测标准规定的使用方法的使用范围和注意事项	2	
2	编写检测流程表	流程表应符合项目检测要求	0.5	
3	编制试剂、仪器设备清单	试剂、仪器设备清单完整，满足水质样品重金属砷含量测定实验进程和客户需求	0.5	
4	编制溶液配制清单	溶液配制清单完整，满足水质样品重金属砷含量测定实验进程和客户需求	0.5	
5	编制检测方案	检测方案描述清晰，设计合理，检验指标符合客户要求，检测方法符合国家标准或环境保护检测部门的要求。仪器设备、试剂应与清单罗列项目一一对应	2	
6	评价	方案科学合理，具有可操作性	0.5	

一、知识准备

1. 通过阅读信息页等资料，完善图 4-2-1 数字编号所示的信息。

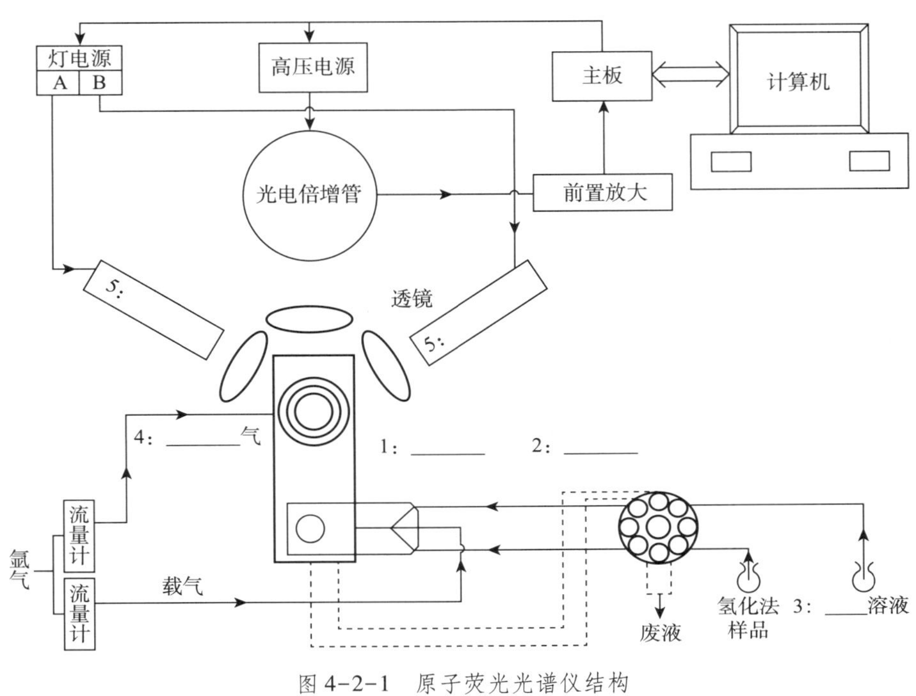

图 4-2-1 原子荧光光谱仪结构

2. 通过阅读信息页等资料，填写图 4-2-2 低温原子化器数字编号所示的各个部件的名称。

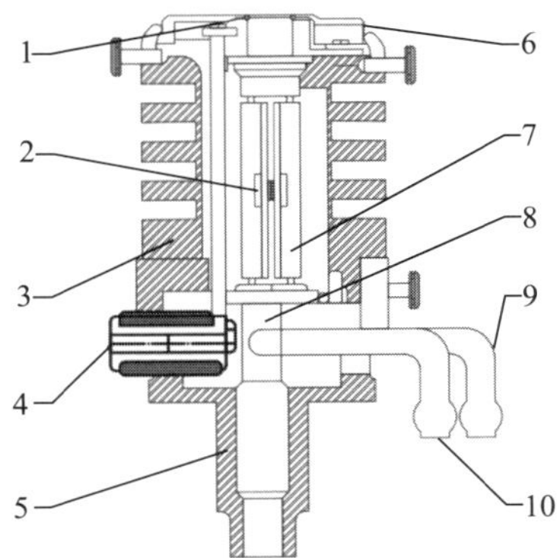

图 4-2-2 低温原子化器

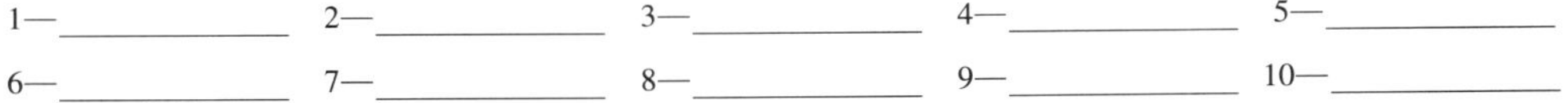
1—__________ 2—__________ 3—__________ 4—__________ 5—__________

6—__________ 7—__________ 8—__________ 9—__________ 10—__________

3. 低温石英炉原子化器的石英管壁________（填“有”或“没有”）加热装置，

石英管端口点火炉丝的功率一般为________ W，石英管的工作温度一般在______ ℃，这一温度是多数元素的最佳工作温度。而对于冷原子法测汞，这一温度又可防止石英管中出现________冷凝。

4. 图 4-2-3 是某原子荧光光谱仪蠕动泵（又称间歇泵）进样氢化物发生及一级气液分离系统，请回答下列问题。

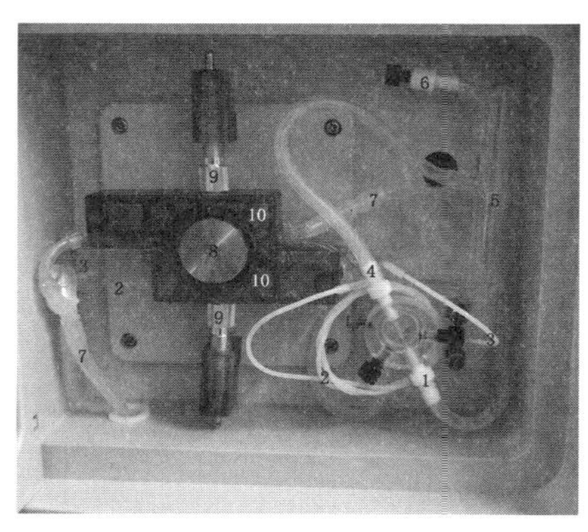

图 4-2-3 某原子荧光光谱仪蠕动泵进样氢化物发生及一级气液分离系统

（1）（载气入口或管线）流动的成分是________________________________。

（2）（还原剂入口或管线）流动的成分是________________________________。

（3）（样品或载流液入口或管线）流动的载流液成分是________________________。

（4）（反应产物出口或管线）流动的主要成分是__________________________。

（5）该玻璃管件的名称是____。

（6）（该出口或管线）流动的主要成分是______________________________。

（7）（气液分离器底部出口及管线）流动的成分是__________________________。

（8）该部件的名称是____。

（9）该部件的名称是____。

（10）该部件的名称是____。

5. 简述原子荧光光谱分析的主要特点。

6. 原子荧光光谱分析主要用于__________、__________、__________、__________、__________、__________、__________、__________ 8 种易生成气态氢化物的金属元素的分析。

7. 图 4-2-4 是某原子化室的结构，请回答下列问题。

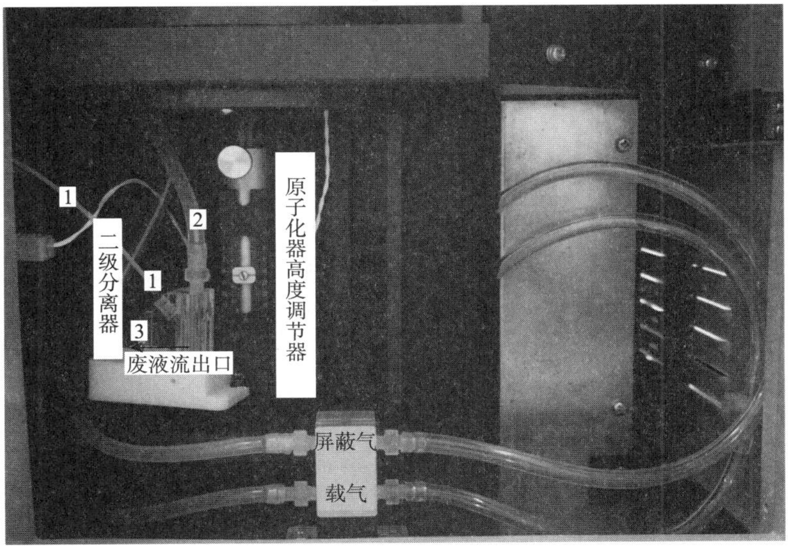

图 4-2-4 某原子化室的结构

（1）屏蔽气的成分是________。

（2）载气的成分是________。

（3）接二级分离器的管线“1”流动的主要成分是________，流向是________。

（4）接二级分离器的管线“2”流动的主要成分是________，流向是________。

8. 图 4-2-5 是某原子荧光光谱仪灯室内部双通道智能型高强度空心阴极灯，一只是 Hg 灯，另一只是 As 灯。

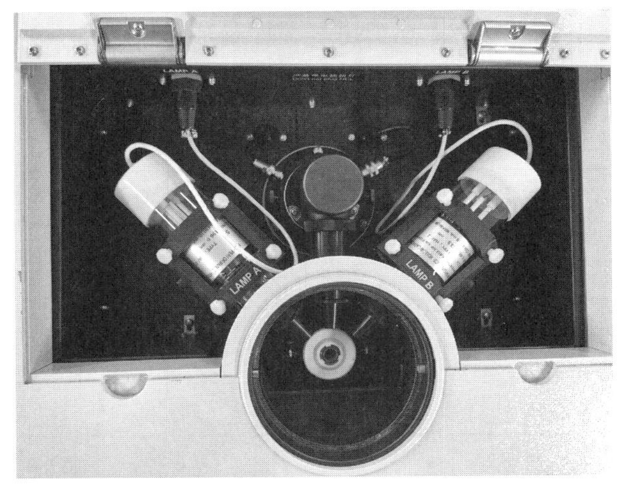

图 4-2-5 某原子荧光光谱仪灯室内部双通道智能型高强度空心阴极灯

请回答如下问题。

Hg 灯的中文名称是______灯，工作波长为______ nm，工作电流为______ mA。

As 灯的中文名称是______灯，工作波长为______ nm，工作电流为______ mA。

二、编制工作流程

认真梳理该项目的检测方法，编制工作流程，完成表 4-2-2 描述的内容。

表 4-2-2　　工作流程

序号	工作流程	主要工作内容	工作要求	完成时间
1				
2				
3				
4				
5				
6				
7				
8				
9				
10				

三、编制准备清单

编制试剂、仪器设备、溶液配制清单。

1. 根据检测任务，完成表 4-2-3 描述的内容，列出所需药品、试剂。

表 4-2-3　　药品、试剂清单

序号	药品、试剂名称	规格	所需数量	负责人
1				
2				
3				
4				
5				
6				

续表

序号	药品、试剂名称	规格	所需数量	负责人
7				
8				
9				
10				

2. 根据检测任务，完成表 4-2-4 描述的内容，列出所需仪器设备。

表 4-2-4 仪器设备清单

序号	仪器设备名称	规格	数量	型号	用途	负责人
1						
2						
3						
4						
5						
6						
7						
8						
9						
10						

3. 根据检测任务，完成表 4-2-5 描述的内容，填写溶液配制清单。

表 4-2-5 溶液配制清单

序号	溶液名称	配制方法	负责人	数量	浓度	分装瓶数
1						
2						
3						
4						
5						

续表

序号	溶液名称	配制方法	负责人	数量	浓度	分装瓶数
6						
7						
8						
9						
10						

四、问题与思考

1. 制定本检测方案依据的检测标准是什么？

2. 使用的还原剂溶液是什么，质量浓度是多少？简述配制 2 L 还原剂溶液的方法步骤。

3. 查阅检测标准或有关信息页，完成表 4-2-6 的内容。

表 4-2-6　　原子荧光光谱仪测定金属元素含量工作参数

元素	负高压/V	灯电流/mA	原子化器预热温度/℃	载气流量/(mL/min)	屏蔽气流量/(mL/min)	积分方式
砷						
汞						
硒						
锑						
铋						

4. 将绘制砷标准曲线所用的标准系列工作溶液的信息填写在表 4-2-7 中。

表 4-2-7 标准系列工作溶液质量浓度

砷标准使用溶液体积/mL	砷标准储备溶液质量浓度/(mg/L)	砷标准使用溶液质量浓度/(μg/mL)	盐酸（1+1）溶液体积/mL	硫脲-抗坏血酸各含 5%（质量分数）的混合溶液体积/mL	定容试剂	定容体积/mL	标准系列工作溶液质量浓度/(μg/mL)
0.00							
0.50							
1.00							
2.00							
3.00							
5.00							

五、评价

评价建议见表 4-2-8。

表 4-2-8 评价建议

项目（配分）	项目明细（配分）及要求		配分	评分细则	自评	小组评价	教师评价
职业素养（20）	学习纪律（5）	按时到岗，不早退	1	违反一次不得分			
		积极思考并回答问题	2	根据上课统计情况得 1~2 分			
		学习用品准备齐全	1	学习用品齐全得 1 分			
		服从安排	1	不符合要求扣 1 分			
	职业道德（6）	主动与他人合作	2	不主动扣 1 分			
		主动帮助同学	2	不主动扣 1 分			
		仪容仪态规范，举止文雅	2	符合要求得 2 分，其余不得分			
	6S（4）	桌面、地面整洁	2	符合要求得 2 分，其余不得分			
		物品定置管理	2	符合要求得 2 分，其余不得分			
	职业能力（5）	阅读与整理信息	3	阅读能力强、信息把握准确得 3 分，其余情况酌情得 1~2 分			
		交流沟通、计划决策	2	有效沟通、计划决策合理得 2 分，错误不得分			
		创新能力（加分项）	5	有创新，视情况加 1~5 分			

续表

项目（配分）	项目明细（配分）及要求		配分	评分细则	自评	小组评价	教师评价
专业能力（80）	时间安排（10）	时间分配要求	10	时间安排合理，规定时间内完成方案制定与决策得10分，其余情况酌情得1~5分			
	检测依据（10）	检测标准合理性	5	依据的检测标准科学合理得5分，不合理不得分			
		参考资料	5	收集的参考资料对完成任务有帮助得1~5分，否则不得分			
	检测流程（10）	检测流程情况	10	内容完整、顺序正确得10分，缺一项扣1分，错误不得分			
	药品试剂（10）	药品、试剂及溶液配制清单	10	完整、正确得10分，错漏一项扣1分			
	仪器设备（10）	仪器设备清单	10	完整、正确得10分，错漏一项扣1分			
	人员安排（5）	计划制订和工作过程人员安排	5	制订计划和工作过程人员安排合理，分工明确得5分，错漏一项扣1分			
	安全环保（5）	健康、安全、环保	5	方案关注健康、安全、环保得5分，其余情况酌情得1~4分			
	工作页（20）	按时提交	4	按时提交得4分，迟交不得分			
		书写整齐度	4	文字工整、字迹清楚得4分			
		内容完成程度	4	按完成程度分别得1~4分			

续表

<table>
<tr><th>项目（配分）</th><th colspan="2">项目明细（配分）及要求</th><th>配分</th><th>评分细则</th><th>自评</th><th>小组评价</th><th>教师评价</th></tr>
<tr><td rowspan="2">专业能力（80）</td><td rowspan="2">工作页（20）</td><td>回答准确率</td><td>4</td><td>视准确率情况分别得 1~4 分</td><td></td><td rowspan="2"></td><td rowspan="2"></td></tr>
<tr><td>见解独到性</td><td>4</td><td>视见解独到情况分别得 1~4 分</td><td></td></tr>
<tr><td colspan="5">总分</td><td></td><td></td><td></td></tr>
<tr><td colspan="5">综合得分（加权平均分，自评占 20%，小组评价占 30%，教师评价占 50%）</td><td colspan="3"></td></tr>
<tr><td colspan="4">教师评价签字：</td><td colspan="4">组长签字：</td></tr>
<tr><td colspan="8">学生对本活动的总体评述（从职业素养、职业能力的提升方面进行评述，分析不足之处并提出改进措施）：</td></tr>
<tr><td colspan="8">教师指导意见：</td></tr>
</table>

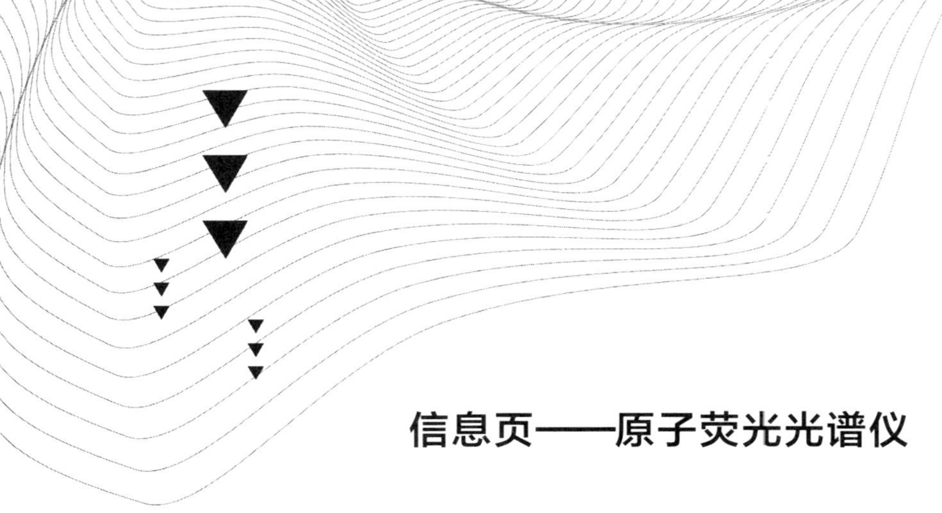

信息页——原子荧光光谱仪

一、原子荧光光谱仪原理图

典型原子荧光光谱仪结构原理如图 4-2-6 所示。

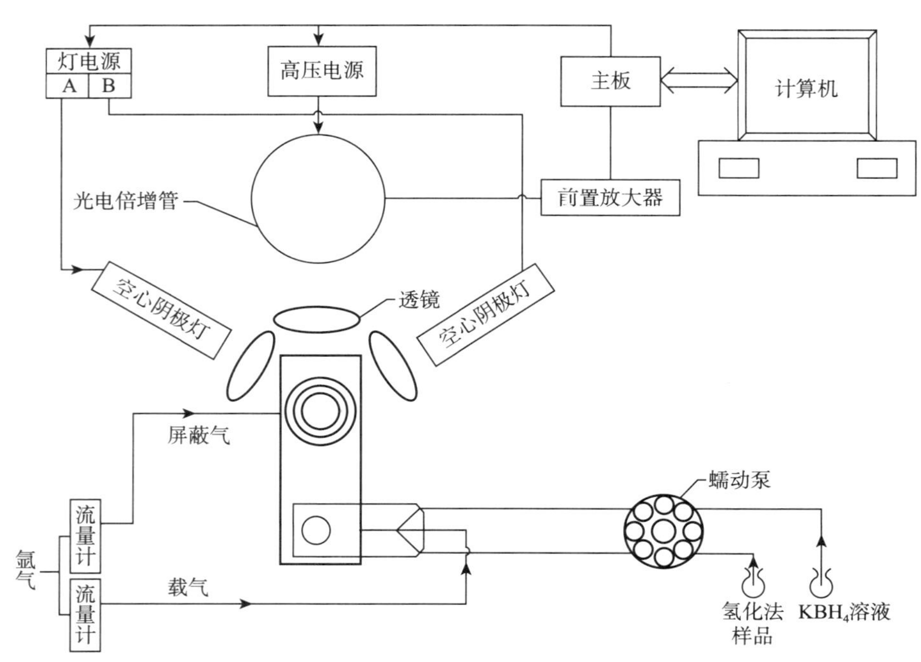

图 4-2-6　典型原子荧光光谱仪结构原理

二、某原子荧光光谱仪连接

AFS-820 双通道原子荧光光谱仪是企业、科研院所、学校广泛使用的冷态原子荧光光谱分析仪器。仪器各部件连接如图 4-2-7 所示。

三、低温石英炉原子化器

低温石英炉原子化器是原子荧光光谱分析的主要部件，如图 4-2-8 所示。

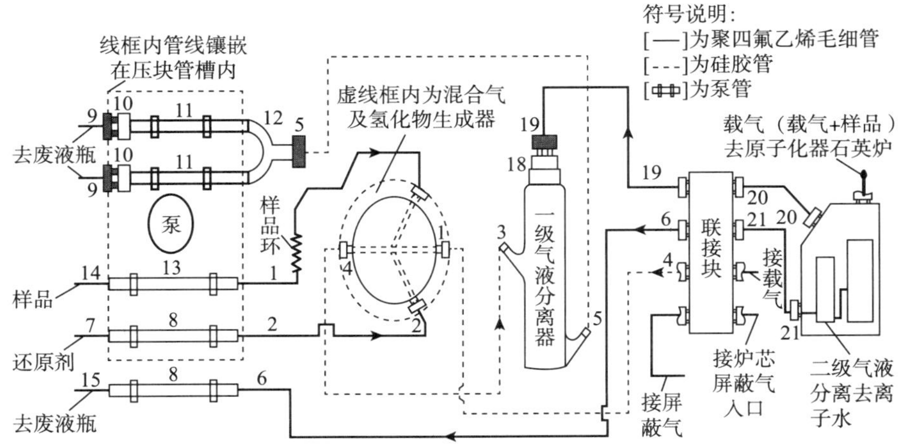

图 4-2-7 AFS-820 双通道原子荧光光谱分析仪器各部件连接

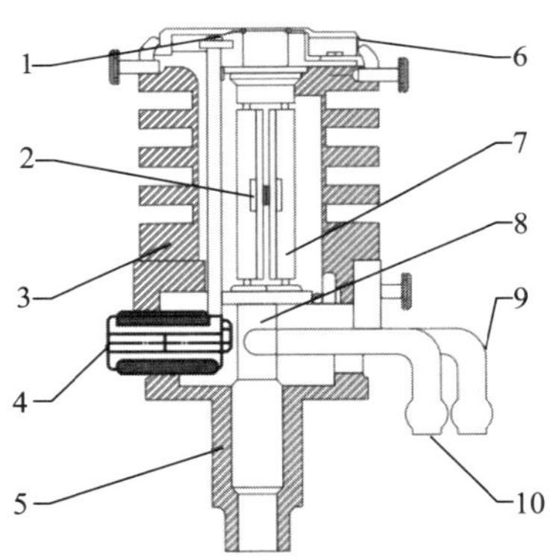

图 4-2-8 低温石英炉原子化器

1—电点火炉丝 2—石英炉芯夹紧螺钉 3—原子化器外壳 4—点火炉丝电源线连接柱 5—原子化器底座 6—原子化器上盖 7—石英炉芯固定块 8—石英炉芯 9—载气氢化物入口 10—屏蔽气入口

低温石英炉原子化器的整个石英管壁均没有加热装置，只在石英管端口装有点火炉丝，功率为 20~30 W，能耗低。点火炉丝的热量将整个石英炉间接加热，石英管的温度可达到 200 ℃。这一温度是多数元素的最佳工作温度。而对于冷原子法测汞，这一温度又可防止石英管中出现水蒸气冷凝。低温石英炉原子化器已广泛应用于 AFS 型原子荧光光谱仪。

四、原子荧光光谱分析的特点

1. 有较低的检出限，灵敏度高

特别对镉、锌等元素有相当低的检出限，镉检出限可达 0.001 ng/cm^3，锌检出限为 0.04 ng/cm^3。由于原子荧光的辐射强度与激发光源强度成正比，采用新的高强度光源可进一步降低其检出限。

2. 干扰较少

原子荧光谱线比较简单，采用一些装置即可以制成非色散原子荧光光谱分析仪。这种仪器结构简单，价格便宜。

3. 分析校准曲线线性范围宽

分析校准曲线线性范围可达 3~5 个数量级。

4. 可多元素同时测定

由于原子荧光是向空间各个方向发射的，比较容易制作多通道仪器，因而能实现多元素同时测定。

五、原子荧光光谱分析的应用

原子荧光光谱分析在冶金、石油、农业、生物、医药、地球化学、材料科学、环境科学等领域内有相当广泛的应用。

原子荧光法具体应用很多，如锌、镉、锰、砷、汞等元素的分析测定，酸雨中锌的测定，盐矿中硒、铁的测定，矿石水痕量锡的测定等。尤其是对于稀土元素的原子，原子荧光光谱分析可克服光谱干扰，因而已成为稀土元素分析的有效方法之一，得到广泛应用。

近年来发展起来的电热原子化器—激光激发原子荧光光谱（ETA-LEAFS）分析法可以完成许多其他方法难以完成的分析任务，如大气中的汞、南极冰雪水中的铝和锌、土壤间气流中的金、海洋沉积物中金和钯的测定等。该法已为我国的环境监测、矿产资源勘探提供了许多数据。

学习任务	水质样品重金属砷（As）指标测定	教学流程	实施检测
班　　级		姓　　名	

学习活动三　实施检测

建议学时：18 学时

学习要求： 通过认真阅读《水质　汞、砷、硒、铋和锑的测定　原子荧光法》（HJ 694—2014）和信息页及原子荧光光谱仪操作手册，能安全、规范操作仪器设备；能正确配制符合浓度要求的试剂溶液；能正确选择验证方法，检验检测方案的可靠性，按检测方案进行样品检测，及时记录原始数据，分析、处理数据，得出实验结论。检测过程严谨、科学、规范，检测现场符合 6S 管理要求。数据记录与处理必须诚实守信，不弄虚作假。工学一体化要求及学时见表 4-3-1。

表 4-3-1　　　　工学一体化要求及学时

序号	工作步骤	要求	学时	备注
1	安全警示	遵守实验室管理制度，规范操作	0.5	
2	准备仪器设备	阅读仪器设备的操作规程，正确操作仪器设备，并对仪器设备状态进行准确判断，掌握仪器设备的使用要求。规范操作玻璃仪器和原子荧光光谱仪	3	
3	配制溶液	正确配制试剂溶液，及时、准确记录原始数据，计算浓度。现场符合 6S 管理要求	2	公用试剂课余准备
4	方法验证	能根据方法验证要求，对方法进行验证，并判断方法是否可靠	1	
5	样品预处理	样品保存符合要求，预处理方法选择正确	1	

续表

序号	工作步骤	要求	学时	备注
6	检测样品	严格按检测方案实施检测，及时报告出现的问题并协商解决办法	10	
7	环节评价	严格按检测方案实施评价	0.5	

一、安全注意事项

原子荧光光谱分析中要接触电气设备、高压钢瓶，配制溶液时还要用到盐酸，请梳理该检测任务有关安全方面的注意事项。应分别采取什么防范措施？

二、配制溶液

1. 配制还原剂硼氢化钾溶液。

称取________ g 分析纯氢氧化钠（或氢氧化钾）溶于 100 mL 水中，加入________ g 分析纯硼氢化钾，混匀。临用时现配，存于塑料瓶中。若要配制 2 000 mL 该溶液，应称取________ g 分析纯氢氧化钠（或氢氧化钾）和________ g 硼氢化钾。

配制人员签字：________　组长确认签字：________　时间：________

2. 配制砷标准溶液。

砷标准溶液的配制见表 4-3-2。

表 4-3-2　砷标准溶液的配制

溶液名称	溶液质量浓度 ρ(As)/(mg/L)	配制体积/mL	配制方法
砷标准储备溶液	100		购买市售有证标准物质
砷中间标准溶液	1.00	500	准确移取________ mL 砷标准储备溶液，加入________ mL 盐酸（1+1），用去离子水定容

续表

溶液名称	溶液质量浓度ρ(As)/(mg/L)	配制体积/mL	配制方法
砷标准使用液	0.1	100	准确移取________mL 砷中间标准溶液，加入________mL 盐酸（1+1），用去离子水定容

配制人员签字：________ 组长确认签字：________ 时间：________

3. 配制硫脲—抗坏血酸溶液。

称取分析纯硫脲和分析纯抗坏血酸各________g，用 100 mL 水溶解，混匀，测定当日配制。若要配制 2 000 mL 该溶液，应称取分析纯硫脲和分析纯抗坏血酸各________g。建议将该试剂作为公用试剂，统一配制。

配制人员签字：________ 组长确认签字：________ 时间：________

4. 配制砷标准工作溶液，详见表 4-3-3。

表 4-3-3 砷标准工作溶液的配制

溶液编号	砷标准工作溶液体积/mL	盐酸体积/mL	硫脲—抗坏血酸体积/mL	定容体积/mL	砷质量浓度/(μg/L)
1	0.00				
2	0.50				
3	1.00				
4	2.00				
5	3.00				
6	5.00				

注：配制的溶液应室温放置 30 min（室温低于 15 ℃时，置于 30 ℃水浴中保温 30 min）。

配制人员签字：________ 组长确认签字：________ 时间：________

三、样品预处理

根据是测定可滤态砷样品，还是测定砷总量样品，按照检测标准要求选择合适的处理和保存方法，待测样品砷质量浓度较高时，应预先稀释。

四、确认仪器状态

1. 若选用原子荧光法测定水质中砷的含量，简述选择方法的理由和该原子荧光法分析仪器包括哪些部分。

2. 市售原子荧光光谱仪一般是双通道的，安装有 A、B 空心阴极灯，若选择单通道测量，另一通道应怎样设置？

3. 阅读信息页，测定砷含量时，在仪器推荐的“仪器条件”中，设置的工作电压、电流、延迟时间、荧光值、载气流量一般是多少？

4. 阅读信息页，简述氢化法原子化器无火焰的可能原因。

5. 硼氢化钾还原剂中氢氧化钾（KOH）、硼氢化钾（KBH_4）的质量浓度是多少？

6. 检查仪器状态，请将仪器检查记录填写在表 4-3-4 中。

表 4-3-4　　仪器检查记录

序号	仪器	检查内容	状态或参数
1	氩气钢瓶	储量和压力	
2	氩气钢瓶减压阀	压力	

续表

序号	仪器	检查内容	状态或参数
3	管线	是否泄漏、堵塞、老化、破损、脱落，是否在压线槽内等	
4	载流液	载流液液位	
5	还原剂	还原剂液位	
6	高强度空心阴极灯	型号与安装位置	
7	蠕动泵压块	位置与松紧	
8	软管	是否压扁或堵塞	

7. 请将仪器运行参数记录在表 4-3-5 中。

表 4-3-5 仪器运行参数

小组名称		组员	
AFS 仪器型号/编号		所在实验室	
负高压/V		载气流量/（mL/min）	
灯电流/mA		屏蔽气流量/（mL/min）	
原子化器高度/mm		读数时间/s	
原子化器温度/℃		延时时间/s	
预热状态		点火/熄火状态	
组长签字/日期			

注：预热状态填写“正在预热”或“已预热”，点火/熄火状态填写“点火成功”或“已熄火”。

8. 请将开机步骤填写在表 4-3-6 中。

表 4-3-6 开机步骤

步骤序号	内容	注意事项
1		
2		
3		
4		
5		

五、检测过程

1. 绘制标准工作曲线。

请将测定结果记录在表 4-3-7 中。

表 4-3-7　　　　工作曲线测定结果

序号	标准工作曲线溶液质量浓度/(μg/L)	荧光值	回归方程
1			
2			
3			
4			
5			

2. 样品测定。

请将样品平行测定结果记录在表 4-3-8 中。

表 4-3-8　　　　样品平行测定结果

样品编号	检测项目	荧光值	ρ/(μg/L)	测得含量 ρ/(mg/L)	平均值/(μg/L)	检测结果/(mg/L)	测得误差/%	允许误差/%
1	砷							
2	砷							
3	砷							

注：检测结果保留 3 位有效数字，可在样品测定中进行加标实验，验证方法可靠性。

六、知识技能巩固

1. 配制硼氢化钾还原剂时，为什么要将硼氢化钾固体溶解在氢氧化钠溶液中，并临用现配？

2. 描述仪器的关机步骤和各步骤的技术要领。

七、现场整理

1. 按照 6S 管理要求，整理现场，并对本组和邻近组现场整理结果进行评价。

2. 为了保护环境和操作人员的身体健康，本项目实施过程中应注意哪些问题？废弃物应如何处理？

八、评价

评价建议见表 4-3-9。

表 4-3-9 评价建议

<table>
<tr><th>项目（配分）</th><th colspan="2">项目明细（配分）及要求</th><th>配分</th><th>评分细则</th><th>自评</th><th>小组评价</th><th>教师评价</th></tr>
<tr><td rowspan="11">职业素养（20）</td><td rowspan="4">学习纪律（5）</td><td>按时到岗，不早退</td><td>1</td><td>违反一次不得分</td><td></td><td rowspan="4"></td><td rowspan="11"></td></tr>
<tr><td>积极思考并回答问题</td><td>2</td><td>根据上课统计情况得 1~2 分</td><td></td></tr>
<tr><td>学习用品准备齐全</td><td>1</td><td>学习用品齐全得 1 分</td><td></td></tr>
<tr><td>服从安排</td><td>1</td><td>不符合要求扣 1 分</td><td></td></tr>
<tr><td rowspan="3">职业道德（6）</td><td>主动与他人合作</td><td>2</td><td>不主动扣 1 分</td><td></td><td rowspan="3"></td></tr>
<tr><td>主动帮助同学</td><td>2</td><td>不主动扣 1 分</td><td></td></tr>
<tr><td>仪容仪表规范，举止文雅</td><td>2</td><td>符合要求得 2 分，其余不得分</td><td></td></tr>
<tr><td rowspan="3">6S 管理（4）</td><td>桌面、地面整洁</td><td>2</td><td>符合要求得 2 分，其余不得分</td><td></td><td rowspan="3"></td></tr>
<tr><td>物品定置管理</td><td>1</td><td>符合要求得 1 分，其余不得分</td><td></td></tr>
<tr><td>安全、环保</td><td>1</td><td>安全防护、废液处置合理得 1 分，其余不得分</td><td></td></tr>
<tr><td>职业能力（5）</td><td>科学规范，熟练高效，有工匠精神，协作沟通有效</td><td>5</td><td>符合要求得 5 分，其余情况酌情得 1~4 分</td><td></td><td></td></tr>
</table>

续表

项目（配分）	项目明细（配分）及要求		配分	评分细则	自评	小组评价	教师评价
专业能力（80）	配制溶液、处理样品（20）	药品、试剂准备	5	完全符合要求得 5 分，其余情况酌情得 1~4 分			
		仪器设备准备	5	完全符合要求得 5 分，其余情况酌情得 1~4 分			
		移取与浓度计算	5	正确得 5 分，有错误不得分			
		配制溶液及保存和分装	5	正确得 5 分，其余情况酌情得 1~4 分			
	确认仪器状态（20）	确认仪器、钢瓶状态	5	全部正确得 5 分，不正确不得分			
		开机方法	5	正确开机得 5 分，不正确不得分			
		设置仪器工作参数	5	完全正确得 5 分，不正确不得分			
		关机方法	5	正确关机得 5 分，不正确不得分			
	实施检测（20）	工作站使用	10	正确使用工作站建立所需文件得 10 分，不正确不得分			
		进样	5	进样方法设置及进样完全正确得 5 分，不正确不得分			
		数据记录	5	及时无误得 5 分，否则不得分			
	工作页（20）	按时提交	4	按时提交得 4 分，迟交不得分			
		书写整齐度	4	文字工整、字迹清楚得 4 分			

续表

<table>
<tr><th>项目（配分）</th><th colspan="2">项目明细（配分）及要求</th><th>配分</th><th>评分细则</th><th>自评</th><th>小组评价</th><th>教师评价</th></tr>
<tr><td rowspan="3">专业能力（80）</td><td rowspan="3">工作页（20）</td><td>内容完成程度</td><td>4</td><td>按完成程度分别得1~4分</td><td></td><td rowspan="3"></td><td rowspan="3"></td></tr>
<tr><td>回答准确率</td><td>4</td><td>视准确率情况分别得1~4分</td><td></td></tr>
<tr><td>见解独到性</td><td>4</td><td>视见解独到情况分别得1~4分</td><td></td></tr>
<tr><td colspan="5">总分</td><td></td><td></td><td></td></tr>
<tr><td colspan="5">综合得分（加权平均分，自评占20%，小组评价占30%，教师评价占50%）</td><td colspan="3"></td></tr>
<tr><td colspan="4">组长签字：</td><td colspan="4">教师评价签字：</td></tr>
<tr><td colspan="8">学生对本活动的总体评述（从职业素养、职业能力的提升方面进行评述，分析不足之处并提出改进措施）：</td></tr>
<tr><td colspan="8">教师指导意见：</td></tr>
</table>

信息页——AFS-8220 双道原子荧光光度计操作流程

1. 打开计算机。

2. 检查水封是否有水。

3. 打开仪器灯室，换上要测的元素灯。

4. 打开仪器前门，检查二级气液分离水封是否有水。

5. 打开仪器电源开关。

6. 检查元素灯是否点亮，新换的元素灯需要重新调光。

7. 双击系统桌面上 AFS-8X 系列“原子荧光光度计”图标进入工作站。

8. 在自检测窗口点击“检测”对仪器进行自检。

9. 点击“元素表”，A、B 通道自动识别元素灯，根据配置选择合理的进样方式，如选“自动”或“手动”。

10. 点击“点火”按钮，点亮原子化器炉丝。

11. 点击“仪器条件”，建议使用仪器默认参数。若要修改，可根据应用手册推荐的测量参数进行设置。

12. 点击“标准系列”，输入校正曲线各点浓度和位置号（零是流动相，因此标准系列从 1 开始设置）。

13. 点击“样品参数”，设置被测样品信息。

14. 点击“测量窗口”，再点击“预热”，仪器需要预热 30 min 以上（测汞时预热 1 h 以上）。

15. 预热结束，逆时针打开氩气钢瓶主阀，调节减压阀至输出压力为 0.3 MPa。

16. 将载流液、还原剂和标准样品、样品等准备好，压上蠕动泵压块，点击“检测”进行测量，处理数据并打印报告。

17. 测量结束后，用纯水清洗进样系统 20 min。点击“清洗程序”，按清洗说明放好各毛细管（清洗时把载流液、还原剂都换成水）。

18. 清洗结束，点击“熄火”按钮，然后关闭软件、主机电源，关气，松蠕动泵压块，关闭计算机。

信息页——原子荧光光谱仪使用注意事项

一、注意事项

1. 测试完成后，蠕动泵的泵卡一定要松开，防止进样管挤压变形而使进样量达不到要求。

2. 关闭氩气时，只需要关闭氩气钢瓶主压阀即可。载气流量计开关、辅气流量计开关及氩气钢瓶的控压阀不需要关闭。

3. 装卸空心阴极灯时，要注意轻拿轻放，防止磕碰。

4. 保持废液管的畅通，防止废液无法排出而造成废液倒灌导致反应模块被污染。

5. 远离强磁场、电场等高频发生源。

6. 仪器应安放在平稳无振动的工作台上，仪器上方应设有排风系统。

7. 仪器工作环境应整洁，无尘，无腐蚀性气体。

8. 避免光线直射。

9. 环境温度范围为 15~40 ℃。

10. 环境相对湿度应不大于 85%。

11. 气瓶不要暴露在热源下，远离点火源和易燃品，保持充足通风。

12. 电源电压为 220 V 交流电压，电源频率为 50 Hz。若当地电压浮动较大，必须使用稳压电源，否则会造成仪器损坏。

13. 清洁传输室。移去原子化器和多功能反应模块，将传输室从调节机构上取下，用 2%的硝酸浸泡 4 h，用去离子水冲洗传输室，再用滤纸将传输室内部的水珠擦去。

14. 清洗多功能反应模块。移去毛细管以及废液管，将多功能反应模块取下，用 2%的硝酸浸泡 4 h，用去离子水冲洗反应模块。

二、常见故障及解决办法

1. 氢化法原子化器无火焰。导致氢化法原子化器无火焰的可能原因如下：

（1）点火炉丝未通电或炉丝烧断。解决办法如下：

1）检查点火炉丝连线、插头。

2）若是炉丝烧坏，需要更换炉丝。

（2）进样不正常，没有发生氢化反应。解决办法如下：

1）检查蠕动泵转速。

2）检查进样泵管是否进样。

3）检测毛细进样尖嘴是否堵塞。

（3）还原剂中硼氢化钾分解，造成氢气量不足。解决办法：更换还原剂。

（4）辅气过大使火焰熄灭。解决办法：关闭辅气，待火焰正常后再打开辅气。

（5）原子化器内石英玻璃管的位置过高。解决办法：调整好石英玻璃管的位置，与原子化器磁帽相齐。

2. 测试时没有测试曲线。导致没有测试曲线的可能原因有仪器通信异常、阴极灯选择错误。

解决办法如下：

（1）检查主机与计算机通信线连接是否正常。

（2）检查分析软件设定通信端口与连接计算机通信端口是否一致。

（3）分析软件选择测试元素与使用的元素阴极灯是否一致。

3. 蠕动泵不转。蠕动泵不转的解决办法：检查泵开关是否打开。

4. 空白值偏高。导致空白值偏高的可能原因如下：

（1）试剂底值偏高。解决办法：更换试剂，做空白对比实验。

（2）器皿污染。解决办法：用质量分数10%硝酸浸泡1~2 h，用去离子水洗净。

（3）反应、传输系统被污染。解决办法：卸下传输室、多功能反应模块，用2%硝酸浸泡4 h，用去离子水洗净，切勿烘干。也可用小功率超声波清洗。

（4）光路发生折射。解决办法如下：

1）调试高强度空心阴极灯光斑。

2）调节原子化器高度，使端口低于遮光罩下沿2 mm。

5. 多功能反应模块进样毛细管堵塞。解决办法如下：

（1）将毛细管取下后反插入硅胶进样管中，用超纯水冲洗。

（2）若冲洗不通，则需要更换毛细管。

学习任务	水质样品重金属砷（As）指标测定	教学流程	验收交付
班　　级		姓　　名	

学习活动四　验收交付

建议学时：4 学时

学习要求： 能够对检测的原始数据进行数据处理，规范完整地填写报告书，并对可疑数据进行分析。工学一体化要求及学时见表 4-4-1。

表 4-4-1　　　　工学一体化要求及学时

序号	工作步骤	要求	学时	备注
1	编制质量分析报告	能根据数据及标准判定结果的准确性，根据质控结果判断结果的可靠性，分析测定中存在的问题及操作要点	1.5	
2	编制水质样品中砷含量测定检测报告	依据检测结果，编制检测报告单，要求用仿宋字体填写，书写规范、整洁，无涂改	2	
3	评价	能对结果的真实性、样品质量给出合理评价	0.5	

一、编写数据评判表

1. 数据评判建议见表 4-4-2。

表 4-4-2　　　　数据评判建议

评判内容	要求	结果
精密度	质量浓度≤1.0 μg/L 时，6.0%~7.0% 质量浓度≤4.0 μg/L 时，2.3%~5.4% 质量浓度≤8.0 μg/L 时，0.9%~3.9%	合格

续表

评判内容	要求	结果
质控范围（至少做1个加标回收率测定）	70%~130%	合格
空白实验	低于方法检出限0.3 μg/L	合格
线性相关系数	≥0.995	合格
有证标准物质测试相对误差	砷质量浓度为（60.6±4.2）μg/L时，-1.9%~1.7% 砷质量浓度为（75.1±5.3）μg/L时，-4.7%~-0.9%	合格
检测结果有效位数（质量浓度小于1 μg/L）	保留小数点后二位	合格
检测结果有效位数（质量浓度大于10 μg/L）	保留小数点后三位	合格

2. 数据分析。

（1）写出砷质量浓度计算公式、精密度计算公式和质量控制计算公式。

（2）写出质量浓度、精密度和质量控制计算过程，并将计算结果填写在原始记录报告单上。

（3）水质样品砷含量测定坐标如图 4-4-1 所示，利用实验数据画出水质样品砷质量浓度检测工作曲线（坐标可根据实际值修改）。

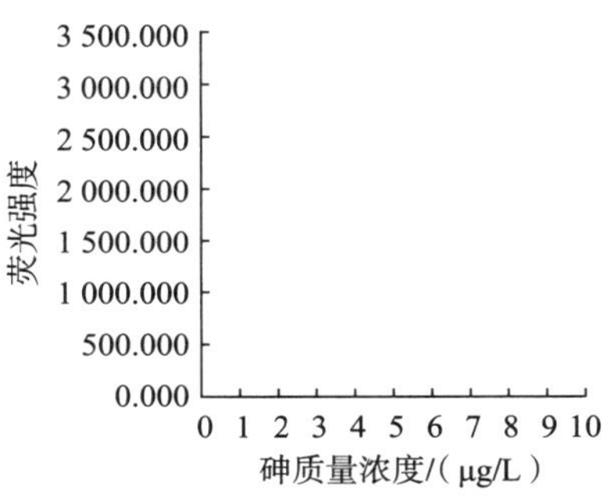

图 4-4-1 水质样品砷含量测定坐标

（4）得出结论，填写表 4-4-3。

表 4-4-3 检测结论

评判内容	结果	结论（合格/不合格）
样品测定精密度	砷含量测定平均值________ μg/L 精密度________%	
质控 （至少做 1 个加标回收率测定）	加标量________ 测定值________ 回收率________%	
空白实验空白值/（μg/L）		
线性相关系数 R		
有证标准物质测试相对误差	有证标准物质砷质量浓度________ μg/L 相对误差________%	

3. 写出测定中存在的问题和操作要点。

二、填写检测报告

检　测　报　告　书

检品名称______________

被检单位______________

检测单位______________

报告日期　　年　　月　　日

检测报告书首页

________分析测试中心

字（20　　年）第　　号

共　　页，第　　页

检品名称________________________________检测类别 委托（送样）

被检单位_________________________检品编号____________________

生产厂家_________________________检测目的______生产日期______

检品数量_________________________包装情况______采样日期______

采样地点_________________________检品性状______送检日期______

检测项目____

____

检测结果及评价依据：

测定值______________________　评价依据________________________

结论及评价：

结论______________________　评价____________________________

检测环境条件________温度________相对湿度________气压________

主要检测仪器设备：

名称______________编号_____________型号____________________

名称______________编号_____________型号____________________

名称______________编号_____________型号____________________

报告编制：　　　　　校对：　　　　签发：

盖　章

年　　月　　日

项目名称	限值	测定值	判定

注：报告书包括封面、首页、正文（附页）、封底，并盖有计量认证章、检测章和骑缝章。

三、评价

评价建议见表 4–4–4。

表 4–4–4　　　　评价建议

项目（配分）	项目明细（配分）及要求		配分	评分细则	自评	小组评价	教师评价
职业素养（20）	学习纪律（5）	按时到岗，不早退	1	违反一次不得分			
		积极思考并回答问题	2	根据上课统计情况得 1~2 分			
		学习用品准备齐全	1	学习用品齐全得 1 分			
		服从安排	1	不符合要求扣 1 分			
	职业道德（6）	主动与他人合作	2	不主动扣 1 分			
		主动帮助同学	2	不主动扣 1 分			
		仪容仪表规范，举止文雅	2	符合要求得 2 分，其余不得分			
	6S 管理（4）	桌面、地面整洁	2	符合要求得 2 分，其余不得分			
		物品定置管理	2	符合要求得 2 分，其余不得分			
	职业能力（5）	数据处理与计算	3	正确得 3 分，错误不得分			
		信息处理与资料使用	2	正确得 2 分，错误不得分			
		创新能力（加分项）	5	有创新，视情况加 1~5 分			
专业能力（80）	数据处理（10）	过程完整、规范、正确	10	计算过程完整规范、结果正确得 10 分，其余情况酌情得 1~9 分			
	结果评判（10）	结论是否合理	10	结论正确得 10 分，结论评判错误不得分			

续表

<table>
<tr><th>项目（配分）</th><th colspan="2">项目明细（配分）及要求</th><th>配分</th><th>评分细则</th><th>自评</th><th>小组评价</th><th>教师评价</th></tr>
<tr><td rowspan="11">专业能力（80）</td><td>精密度（10）</td><td>互平行情况</td><td>10</td><td>互平行≤5%得 10 分，>5%且≤10%得 5 分，>10%不得分</td><td></td><td></td><td rowspan="11"></td></tr>
<tr><td>线性相关系数（5）</td><td>线性相关性</td><td>5</td><td>≥0.999 9 得 5 分，< 0.999 9 且≥0.995 得 3 分，< 0.995 不得分</td><td></td><td></td></tr>
<tr><td>质量控制（5）</td><td>质控范围</td><td>5</td><td>回收率在 80%~120%得 5 分，否则不得分</td><td></td><td></td></tr>
<tr><td rowspan="2">报告填写（20）</td><td>填写完整规范性</td><td>10</td><td>完整、规范、无涂改得 10 分，涂改一项扣 2 分</td><td></td><td rowspan="2"></td></tr>
<tr><td>无差错</td><td>10</td><td>填写无差错得 10 分，有差错不得分</td><td></td></tr>
<tr><td rowspan="5">工作页（20）</td><td>按时提交</td><td>4</td><td>按时提交得 4 分，迟交不得分</td><td></td><td rowspan="5"></td></tr>
<tr><td>书写整齐度</td><td>4</td><td>文字工整、字迹清楚得 4 分</td><td></td></tr>
<tr><td>内容完成程度</td><td>4</td><td>按完成程度分别得 1~4 分</td><td></td></tr>
<tr><td>回答准确率</td><td>4</td><td>视准确率情况分别得 1~4 分</td><td></td></tr>
<tr><td>见解独到性</td><td>4</td><td>视见解独到性分别得 1~4 分</td><td></td></tr>
<tr><td colspan="5">总分</td><td></td><td></td><td></td></tr>
<tr><td colspan="5">综合得分（加权平均分，自评占 20%，小组评价占 30%，教师评价占 50%）</td><td colspan="3"></td></tr>
<tr><td colspan="4">教师签字：</td><td colspan="4">组长签字：</td></tr>
<tr><td colspan="8">学生对本活动的总体评述（从职业素养、职业能力的提升方面进行评述，分析不足之处并提出改进措施）：</td></tr>
<tr><td colspan="8">教师指导意见：</td></tr>
</table>

学习任务	水质样品重金属砷（As）指标测定	教学流程	总结拓展
班　　级		姓　　名	

学习活动五　总结拓展

建议学时：8 学时

学习要求： 通过本次活动，总结本项目的作业规范和核心技术，并通过同类项目的拓展训练强化所获得的理论知识、专业技能和综合职业素养。工学一体化要求及学时见表 4-5-1。

表 4-5-1　　　　工学一体化要求及学时

序号	工作步骤	要求	学时	备注
1	撰写项目总结	要求提炼出来的收获、经验有价值，能如实表述分析检测过程中遇到的问题及解决办法	0.5	
2	编制水质样品中砷含量测定方案	根据检测标准要求编制检测方案，条理清晰，具有可操作性	1	
3	水质样品中砷含量测定	能根据检测方案对给定的样品实施检测，并给出检测报告。检测过程科学、规范，符合 6S 管理要求	6	
4	评价	能对结果的真实性做出合理评价，对检测过程做出客观评价	0.5	

一、项目总结

1. 语言精练，无错别字。
2. 编写内容主要包括学习内容、体会、学习中的优缺点及改进措施。

3. 字数300字左右。

二、项目拓展

拓展项目名称：______________________________

1. 任务情景描述。

2. 分析检测原理。

3. 仪器、试剂准备。

（1）编制药品、试剂清单，列出所需药品、试剂，完成表 4-5-2 描述的内容。

表 4-5-2　　药品、试剂清单

序号	药品、试剂名称	规格	所需数量	负责人
1				
2				
3				
4				
5				
6				
7				
8				
9				
10				

（2）编制仪器设备清单，列出所需仪器设备，完成表 4-5-3 描述的内容。

表 4-5-3　　仪器设备清单

序号	仪器设备名称	规格	数量	型号	用途	负责人
1						
2						
3						
4						
5						
6						
7						
8						
9						
10						

（3）编制溶液配制清单，完成表 4-5-4 描述的内容。

表 4-5-4　　溶液配制清单

序号	溶液名称	制备方法	负责人	数量	浓度	分装瓶数
1						

续表

序号	溶液名称	制备方法	负责人	数量	浓度	分装瓶数
2						
3						
4						
5						
6						
7						
8						
9						
10						

4. 工作过程。

认真阅读作业指导书，梳理该项目的检测方法，编写工作流程，完成表 4–5–5 描述的内容。

表 4–5–5 工作流程

序号	工作流程	主要工作内容	工作要求	完成时间
1				
2				
3				
4				
5				
6				
7				
8				
9				
10				

5. 数据处理。

6. 检测结果与结论。

7. 遇到的问题及解决措施。

8. 该检测方案中影响数据准确度的关键因素？

9. 安全、健康与环保。

填写检测过程中的安全注意事项及防护措施。

三、拓展作业指导书

拓展作业指导书见表 4-5-6。

表 4-5-6 拓展作业指导书

主题	文件编号：
天然矿泉水样品中总砷含量的检测方案	共 页 第 页

1. 工作原理

在消解处理水样后加入硫脲，把砷还原成三价。在酸性介质中加入硼氢化钾溶液，三价砷形成砷化氢气体，由载气（氩气）直接导入石英管原子化器中原子化。基态原子受特种空心阴极灯光源的激发，产生原子荧光。通过检测原子荧光的相对强度，利用荧光强度与溶液中砷含量成正比的关系，计算样品溶液中相应组分的含量。

2. 仪器测试条件

（1）仪器型号：AFS-8220 原子荧光分光光度计。

（2）配套设备：稳压电源。

（3）操作软件：AFS-8220 原子荧光光度计软件。

（4）使用气体：高纯氩气。

（5）使用环境：通风罩、通风橱等通风设备工作正常，室温，无腐蚀性气体。

3. 实验试剂和溶液

标准储备溶液配制使用优级纯试剂，其他试剂纯度等级为分析纯。

（1）载流液：5%盐酸。吸取 25 mL 盐酸，用纯水稀释到 500 mL。

（2）还原剂：称取 2.5 g 氢氧化钾、10 g 硼氢化钾分别溶解后，再将两溶液混合，用纯水定容至 500 mL。

（3）10%硫脲溶液：称取 10 g 硫脲溶于水中，定容至 100 mL。

（4）标准储备溶液：准确称取 1.320 g 三氧化二砷（As_2O_3），溶解于 25 mL 20% KOH 溶液中，用 20%硫酸稀释至 1 000 mL，摇匀。此溶液质量浓度为 ρ（As）= 1 mg/mL（As_2O_3 又名砒霜，剧毒，使用时必须履行严格的签字制度，跟踪使用量，形成闭环。建议直接购买国家标准物质研究中心提供的 As 标准储备溶液成品）。

（5）标准系列工作溶液配制：本实验标准使用溶液质量浓度为 0.1 mg/L（建议将标准储备溶液逐级稀释，用 5%HCl 作定容介质，每次最大稀释倍数不超过 100 倍），再用标准使用溶液配制标准系列工作溶液。

编号	容量瓶编号	标准工作溶液质量浓度/(μg/L)	标准工作溶液加入量/mL	质量分数 10%硫脲溶液加入量/mL	盐酸（1+1）加入量/mL	定容体积/mL
S0	1		0	10	5	100
S1	2		1	10	5	100
S2	3		2	10	5	100
S3	4		4	10	5	100
S4	5		8	10	5	100

续表

（6）待测样品溶液配制：待测样品取一定体积（一般小于 50 mL），分别加入 10% 硫脲溶液 10 mL 和盐酸（1+1）5 mL，用纯水定容至 100 mL。

4. 操作步骤

（1）开机前确认。检查还原剂溶液、载流液液位，确认有足够的氩气（建议不低于 0.5 MPa），废液桶有足够的空间用于收集废液。

（2）开机。

1）打开原子荧光分光光度计灯室盖，将待测元素的空心阴极灯插头仔细插入灯座。

2）启动计算机，打开原子荧光分光光度计主机开关，打开自动进样器开关预热。

3）检查泵管是否在槽位，压块是否压紧，管线是否脱落、破损，二级气液分离器水封是否有水等。

4）开机后应检查以下 3 个地方：

①元素灯是否点亮。

②蠕动泵的压块是否已经卡上。

③若有自动进样器，检查自动进样器横杆是否位于载流液杯正上方。

5）打开 AFS-8220 原子荧光光度计软件，进入工作站。

6）进入工作站后，进入元素选择界面，选择元素选择“砷”和通道。

（3）仪器测量条件设置。

1）设置仪器条件。仪器条件主要有以下几项：负高压设置为 270 V，灯电流设置为 60 mA，载气流量设置为 300 mL/min，屏蔽气流量设置为 800 mL/min，原子化器高度设置为 8 mm，原子化器温度设置为 200 ℃，读数时间设置为 10 s，延迟时间设置为 1.0 s。其他参数保持默认值不变。

2）标准系列工作溶液设置。根据实验需要设置：设置标准系列工作溶液数目；标准溶液重复次数设置为 1；选中“标准空白”，瓶号设置为 1；输入配置好的标准溶液浓度、瓶号等信息。

3）待测样品设置。在界面中选择“样品空白”，设置重复次数为 1，设置位置号；在空白下方单击“添加”设置待测样品，单击“完成”可进入测量。测量过程中可随时停止测量，重新添加或删除样品。若为自动进样，自动清洗次数设置为 5。

（4）实验分析。设置完成后预热机器，一般需要预热 30 min。预热完成后打开载气，进入测量。

若有自动进样器，载流液注入自动进样器中间杯。标准曲线溶液和待测样品溶液按设置好的位置号放入自动进样器相应位置。根据主机提示，两根进样软管分别放入载流液和还原剂溶液。

单击“分析”“自动”键，进样器自动进样开始测量。若进样器故障，可选择手动测量，根据“载流”“溶液”提示，及时更换为载流液或溶液。初始测量为载流液稳定测量，载流液响应值荧光强度值两次之差小于 2%时，单击测量右下角“结束”键，进入标准曲线测量。

标准曲线测量结束后，软件已生成测量曲线，再次进入载流液稳定测量，荧光强度值两次之差小于 2%时，单击测量右下角“结束”键，可进入样品测量。测量过程中可随时查看标准曲线参数。

样品测量结束后，单击左上角“文件”“保存”，可保存此次测量结果，可以对原始数据进行查看、格式转换和打印。

（5）清洗。所有测量结束后，将载流液和硼氢化钾溶液取出，两根进样软管放入纯水，单击“清洗”，清洗结束后，软件自动关闭。

续表

（6）关机。清洗结束后，待泵无水返回后松开泵，然后先关闭氩气钢瓶（先关总阀门，后关分阀），再关主机电源，最后关闭计算机。清理实验室，清洗实验用具，结束测量过程。 5. 数据记录与处理 （1）计算公式 $$\rho = \frac{\rho_1 \times f \times V_1}{V}$$ 式中 ρ—样品中待测元素的质量浓度，μg/L； ρ_1—由校准曲线上查得的试样中待测元素的质量浓度，μg/L； f—试样稀释倍数（样品若有稀释）； V_1—分取后测定试样的定容体积，mL； V—试样的体积，mL。 （2）计算过程： （3）结果表示。当测定结果小于 10 μg/L 时，保留一位有效数字；当测定结果大于 10 μg/L 时，保留三位有效数字。 6. 仪器使用注意事项 （1）实验室应具备良好的排风设备，排风口与烟囱的距离约为 30 cm。 （2）仪器预热时无须开启载气，但是在仪器测量前必须开启载气。 （3）安装或更换元素灯时，一定要在主机电源关闭的情况下操作，不要带电操作。 （4）安装元素灯后需要进行调光，元素灯的光斑与光电倍增管透镜的中心点在一个水平上，且对准调光器中间的十字（即垂直线与中间横线的交界处）。

编写		审核		批准	

四、评价

评价建议见表 4-5-7。

表 4-5-7 评价建议

项目（配分）	项目明细（配分）及要求		配分	评分细则	自评	小组评价	教师评价
专业能力（60）	资讯（10）	搜集并整理信息	5	信息全面得 5 分，否则扣 1~4 分			
		全面、完整回答引导问题	5	全面、完整得 5 分，否则扣 1~4 分			
	计划与决策（10）	熟悉检测标准，知识储备充分	2	符合要求得 2 分，否则扣 1~2 分			
		编制药品、试剂清单	2	清单完整得 2 分，否则扣 1~2 分			
		编制仪器设备清单	2	清单完整得 2 分，否则扣 1~2 分			
		编制溶液配制清单	2	清单完整得 2 分，否则扣 1~2 分			
		科学、合理制定检测方案	2	科学、合理得 2 分，否则扣 1~2 分			
	实施（20）	规范使用玻璃仪器	5	规范得 5 分，否则扣 1~4 分			
		规范配制溶液和处理样品	5	规范得 5 分，否则扣 1~4 分			
		规范操作仪器设备	5	规范得 5 分，否则扣 1~4 分			
		熟练使用工作站	5	符合要求得 5 分，否则扣 1~4 分			
	过程控制（10）	台面整理	2	台面整洁、无水渍得 2 分，否则扣 1~2 分			
		有效沟通并解决问题	2	及时与他人有效沟通并解决技术难题得 2 分，否则扣 1~2 分			
		安全与健康	2	关注自身和他人安全与健康得 2 分，否则扣 1~2 分			

续表

项目（配分）	项目明细（配分）及要求		配分	评分细则	自评	小组评价	教师评价
专业能力（60）	过程控制（10）	节约	2	注重节约得2分，否则扣1~2分			
		环保	2	关注环境保护，及时处理废液、废渣得2分，否则扣1~2分			
	评价反馈（10）	数据记录	2	记录数据及时、无涂改得2分，否则扣1~2分			
		数据处理与计算	2	处理检测数据、计算检测结果正确得2分，否则扣1~2分			
		误差是否正确	2	正确得2分，否则扣1~2分			
		结论是否正确	2	结论正确得2分，否则扣1~2分			
		与小组或主管客户沟通情况	2	及时与小组或主管客户沟通得2分，否则扣1~2分			
社会能力（20）	团结协作（10）	与小组成员合作情况	5	与小组成员合作良好、沟通交流及时得5分，否则扣1~4分			
		参与程度	5	主动参与，对小组贡献明显得5分，否则扣1~4分			
	敬业精神（10）	遵纪、守信情况	5	遵守纪律、诚实守信得5分，否则扣1~4分			
		爱岗敬业情况	5	爱岗敬业、吃苦耐劳、科学规范得5分，否则扣1~4分			

续表

<table>
<tr><th>项目（配分）</th><th colspan="2">项目明细（配分）及要求</th><th>配分</th><th>评分细则</th><th>自评</th><th>小组评价</th><th>教师评价</th></tr>
<tr><td rowspan="2">方法能力（20）</td><td>计划能力（10）</td><td>计划科学、合理</td><td>10</td><td>符合要求得 10 分，否则扣 1~9 分</td><td></td><td></td><td rowspan="2"></td></tr>
<tr><td>决策能力（10）</td><td>决策正确、合理</td><td>10</td><td>果断，分工合理，同学们服从安排得 10 分，否则扣 1~9 分</td><td></td><td></td></tr>
<tr><td colspan="5">总分</td><td></td><td></td><td></td></tr>
<tr><td colspan="5">综合得分（加权平均分，自评占 20%，小组评价占 30%，教师评价占 50%）</td><td colspan="3"></td></tr>
<tr><td colspan="4">组长签字：</td><td colspan="4">教师签字：</td></tr>
<tr><td colspan="8">学生对本活动的总体评述（从职业素养、职业能力的提升方面进行评述，分析不足之处并提出改进措施）：</td></tr>
<tr><td colspan="8">教师指导意见：</td></tr>
</table>